Neue Bahnen denken

AF393560

edition·epilog·de

Abb. 1. Die Stufenbahn auf der Gewerbe-Ausstellung Berlin 1896.

Neue Bahnen denken

Alternative Schienenverkehrskonzepte im 19. Jahrhundert

Zeitreisen zur Kultur + Technik
Herausgegeben von Ronald Hoppe
edition·epilog·de

Bibliografische Information der Deutschen Nationalbibliothek:
Die Deutsche Nationalbibliothek verzeichnet diese Publikation
in der Deutschen Nationalbibliografie; detaillierte bibliografische
Daten sind im Internet über http://dnb.dnb.de abrufbar

Für diese Ausgabe wurden die Originaltexte in die aktuelle Rechtschreibung
umgesetzt und behutsam redigiert. Längenangaben und andere Maße
wurden gegebenenfalls in das metrische System umgerechnet.

Ausgewählt, redigiert und gestaltet von Ronald Hoppe
Herstellung und Verlag: BoD – Books on Demand, Norderstedt

ISBN: 978-3-7583-7184-4

Die hier abgedruckten Originalbeiträge aus Fach- und Publikumszeitschriften geben einen repräsentativen und unverfälschten Einblick in die Entwicklung alternativer Schienenverkehrskonzepte im 19. Jahrhundert.

Manches erscheint auf den ersten Blick kurios, könnte aber bei näherer Betrachtung zur Lösung heutiger Verkehrsprobleme beitragen.

Viele Ideen wurden dem Stand der Technik angepasst und wirken so bis heute fort. Ein neuartiges kreiselstabilisiertes Schienenfahrzeug ist derzeit Gegenstand des Forschungsprojekts ›Monocab‹ in Ostwestfalen-Lippe. Ersetzt man die Druckluft der pneumatischen Bahnen oder die Wasserschicht der Gleitbahn durch Magnetfelder, sind die Parallelen zum ›Hyperloop‹ und zur Magnetschwebebahn unverkennbar. Fahrsteige sind die moderne Form der Stufenbahn, könnten aber mit den für die Stufenbahn typischen parallelen Plattformen unterschiedlicher Geschwindigkeit neue Anwendungsfelder erschließen.

Der interessierte Leser wird bei der Lektüre der historischen Beiträge viele weitere Beispiele finden, die den Weg von A nach B besser, interessanter oder bequemer machen.

Neue Eisenbahntypen

Bei oberflächlicher Betrachtung wird man zu dem Glauben leicht verleitet, die Dampfeisenbahnen sowohl wie die Straßenbahnen unserer Städte stellten den Gipfel des Fortschritts dar, und es sei eine Verbesserung dieser Verkehrsanstalten kaum denkbar. Geht man aber der Sache auf den Grund, vergegenwärtigt man sich die vielfältigen Aufgaben, denen ein öffentliches Beförderungsmittel gerecht zu werden hat, so wird man gar bald gewahr, dass es noch unendlich viel zu tun gibt, um die Schienenwege auf die volle Höhe ihrer Kulturaufgabe zu heben, und zwar gilt dies nicht bloß von der Personenbeförderung, sondern auch von der Benutzung der Eisenstraßen zum Transport der Postgegenstände und der Güter.

Dies haben erleuchtete Köpfe längst erkannt, und man ist deshalb, besonders jenseits des Ozeans, eifrig bemüht, neue, sich den vielseitigen Bedürfnissen des Verkehrs besser anpassende Eisenbahntypen zu ersinnen. Über die dahin zielenden Versuche, so weit sie der neuesten Zeit angeboren, wollen wir eine kurze Umschau halten.

Was zunächst die Personenbeförderung auf den gewöhnlichen, eigentlichen Eisenbahnen anbelangt, so muss man zwischen dem Fernverkehr auf verhältnismäßig wenig befahrenen Schienenwegen und dem Ortsverkehr, d.h. dem Verkehr innerhalb der Großstädte und zwischen diesen und ihren Vororten sorgfältig unterscheiden. Ersterer erscheint an sich, so weit die Motoren in Frage kommen, kaum noch verbesserungsfähig, und es dürfte sich vorerst nur darum handeln, eine etwas erhöhte Geschwindigkeit zu erzielen. Die Dampflokomotive erfüllt hier ihren Zweck in der vollkommensten Weise und sie hat in absehbarer Zeit einen Mitbewerber nicht zu befürchten.

Anders bei dem Vororts- und Stadtverkehr. Hier erweist sich einerseits das Dampfross, andererseits das Pferd immer mehr als der Aufgabe nicht oder nur sehr mangelhaft gewachsen. Die Lokomotive ist nur bei der Beförderung schwerer Lasten am Platz; sie muss eine lange Reihe von Wagen schleppen; sonst ist sie unwirtschaftlich. Sie bedingt daher längere Abstände zwischen den Abfahrtszeiten, womit aber dem Vorortsverkehr nicht gedient ist. Es leuchtet ein, dass es diesem Verkehr besser frommt, wenn die Bahnverwaltung alle zehn Minuten einen Wagen ablässt, als wenn sie alle Stunden einen Zug uns sechs Wagen abfertigt. Aber selbst bei den wenigen Verkehrsanstalten, wie die Londoner, Berliner, New Yorker Stadtbahnen, wo die große Zahl der Reisenden das Ablassen von längeren Zügen in kurzen Zwischenräumen gestaltet, macht sich allmählich die Unzulänglichkeit der Lokomotive fühlbar. Dies gilt besonders von den New Yorker Stadtbahnen. Die dort verwendeten Maschinen vermögen die wachsenden Lasten nicht mehr zu schleppen; man kann aber nicht zu schwereren Lokomotiven greifen, weil der Oberbau deren Gewicht nicht aushält.

Noch unzulänglicher ist natürlich die Pferdebahn. Dieses Beförderungsmittel besitzt die nötige Elastizität nicht;

es kann sich den wechselnden Anforderungen des Verkehrs nicht recht anschmiegen und versagt fast ganz, wenn es darauf ankommt, größere Menschenmengen zu befördern. Auch gebricht es ihm an dem immer wichtiger werdenden Element der Geschwindigkeit. Zeit ist Geld, und es genügen heutzutage 9 – 10 km/h niemandem mehr.

Ist es möglich, den Übelständen abzuhelfen, die dem Dampf wie der tierischen Zugkraft anhaften? Besitzen wir eine Kraft, welche diesem im Nahverkehr bereits überlebten Lastenbeförderungsmittel überlegen und an deren Stelle zu treten fällig ist? Die Antwort auf diese Frage lautet glücklicherweise bejahend. Die Technik ist hier bereits den Bedürfnissen der Menschen entgegengekommen; sie hat die unfassbare und unsichtbare Kraft, Elektrizität geheißen, auch in den Dienst der Lastenbeförderung gezwungen, und wir dürfen jetzt schon zuversichtlich behaupten, dass die von Siemens & Halske vor kaum zehn Jahren ins Leben gerufene elektrische Eisenbahn, oder vielmehr der auf Schienen rollende Elektromotor den allerschwersten Anforderungen voll gewachsen sei.

Man unterscheidet zwei Systeme von elektrischen Bahnen. Das eine, das sogenannte Sammlersystem, erinnert an die Dampfeisenbahn sehr stark und besitzt dessen Hauptnachteil: ein zu schleppendes, sehr bedeutendes totes Gewicht; wogegen es den Vorzug bietet, dass die Züge die Kraftquelle mit sich führen. Der Unterschied gegen die Dampfeisenbahn ist nur der, dass die Kraft nicht aus Kohle, sondern aus aufgespeicherter Elektrizität besteht, und dass die Apparate zur Aufspeicherung derselben, Sammler oder Akkumulatoren gehei-

ßen, in den Wagen untergebracht werden können, so dass es der Vorspannung einer besonderen Lokomotive nicht bedarf. Die Sammler sind aber so schwer und waren bisher so mangelhaft, dass sie bei der Lastenbeförderung kaum in Frage kamen. Dies kann sich freilich jeden Tag ändern, und wir erhalten dann eine Zugkraft, welche, sich zum Schleppen von Wagen in engen Straßen sowie auf verkehrsarmen Vorstadtlinien vorzüglich eignen dürfte.

Das zweite System, welches von der Firma Siemens & Halske zuerst in Lichterfelde und Frankfurt angewendet wurde, erinnert an die allbekannte Versorgung unserer Städte mit elektrischem Licht. Eine elektrische Bahn dieses Systems bedingt ein Elektrizitätswerk mit entsprechend starken Dynamomaschinen, kupferne, unter- oder oberirdische Leitungen zwischen dem Werk und den fahrenden Zügen, endlich Elektromotoren oder sekundäre Dynamomaschinen, welche; die zugeleitete elektrische Kraft auf die Wagenachsen oder auf die Achsen eines Elektromotors oder einer elektrischen Lokomotive übertragen. Die Elektromotoren können also entweder in einem besonderen Fahrzeug oder, wie üblicher, einfach unter dem Wagenkasten angeordnet werden. Zur Rückleitung des Stroms dienen meist die Schienen. Die Verbindung zwischen der ober- und unterirdischen Leitung und den Elektromotoren aber besorgen sogenannte Kontaktwagen, die auf der Leitung dahinrollen, und kurze Leitungen zwischen diesem Kontaktwagen und der elektrischen Maschine des Wagens. Da diese eine zu hohe Umdrehungszahl – 700 – 900 U/min – besitzt, so wird die Bewegung meist mittelst Zahnräder so weit verlangsamt, dass die Wagenräder keine übermäßige Geschwindigkeit aufweisen. Soll langsamer gefahren werden, so schaltet der Führer Widerstände ein, welche dem Durchgang des Stroms ein Hindernis entgegenstellen; das Absperren der Stromzufuhr bewirkt in Verbindung mit Bremsen das Halten.

Augenblicklich kommen, abgesehen von dem neuesten, noch nicht genau bekannten System von Siemens, hauptsächlich drei Arten der elektrischen Bahnen mit direkter Stromzuleitung in Betracht: die Systeme von Daft, von Thomson-Houston und Sprague.

Daft hat es vor allem auf den riesigen Verkehr – etwa eine halbe Million Menschen täglich – der New Yorker Stadtbahnen abgesehen. Zu Zwecken umfangreicher Versuche wurde ihm von der Verwaltung dieser Bahnen eine Linie zur Verfügung gestellt, und es ergab sich, dass die elektrische Lokomotive bei einem um die Hälfte geringeren Gewicht dieselben Lasten, auch unter den ungünstigsten Verhältnissen, mit der gleichen Geschwindigkeit zu schleppen vermag als die Dampflokomotive. Diese höhere Leistungsfähigkeit, bzw. Adhäsionskraft der Räder der elektrischen Lokomotive wird von Daft und von dem Prof. Sweet besonders dem Umstand zugeschrieben, dass die Kraft des Elektromotors ununterbrochen, die Kraft des Dampfes dagegen intermittierend wirkt, was von den beiden toten Punkten bei der Umdrehung der Kurbel herrührt. Möglicherweise erhöht aber auch der von den Rädern auf die Schienen übergehende Rückstrom die Adhäsionskraft.

Mehr auf den Bau von eigentlichen Straßenbahnen und die Umwandlung der vielen bestehenden Pferdebahnen in elektrische haben es dagegen Thomson-Houston und Sprague abgesehen, deren Systeme nur in den Einzelheiten abweichen. Diese Elektriker nehmen daher zumeist nicht, wie Daft, den Bau von eigentlichen elektrischen Lokomotiven, die einen längeren Zug schleppen, in Aussicht, sondern versehen jeden einzelnen Wagen mit Elektromotoren. Diese sind, wie aus untenstehender *Abb. 2* ersichtlich, gleich den Motoren bei den Siemensschen Bahnen, unter dem Wagenkasten zwischen den Achsen angeordnet, und es wird ihre Drehung auf die Achsen durch Zahnräder übertragen, deren Zähne abwechselnd aus Holz und Metall bestehen, um eine ruhigere Bewegung zu erzielen. Meist bekommt jede Achse einen eigenen Motor. Der eine genügt zur Fortbewegung des Wagens; der zweite tritt nur bei Beschädigung des ersten, bei starken Steigungen sowie in dem Fall in Tätigkeit, wo man einen zweiten Wagen anhängen will. Die Möglichkeit des Anhängens eines Beiwagens macht an sich schon die elektrische Bahn bedeutend leistungsfähiger als die Pferdebahn. Das Aussehen der Wagen ist das unserer gewöhnlichen Pferdebahnwagen.

Abb. 2. Ein komplettes Sprague-Motor-Fahrgestell.

In Amerika herrscht die viel wohlfeilere und einfachere, oberirdische Zuführung des Stroms vor, welche auch bei der Frankfurter Bahn durchgeführt ist. Sobald die Unternehmer für eine einigermaßen elegante Ausführung der Träger sorgen, ist dagegen schwerlich etwas einzuwenden, und es verunzieren diese Stangen die Straßen bei weitem nicht so, wie z. B. unsere schmucklosen Laternenständer. Nicht recht begreiflich ist es uns daher, weshalb die Polizeibehörden Europas so neuerdings in Budapest die unterirdische Anlegung der Leitungen fordern. Dadurch wird die Anlage von elektrischen Bahnen sehr verteuert und auch bedeutend erschwert. Die Leitungen müssen in oben offenen Rinnen zwischen den Schienen liegen, und es füllen sich diese Rinnen allzu leicht mit Wasser und Schmutz, wodurch der Kontakt zwischen der Leitung und dem Wagen bisweilen aufgehoben wird. Hoffentlich bekehren sich unsere Behörden schließlich zum amerikanischen System.

Im Kindesalter der Eisenbahnen versuchte man es mehrfach mit der Press- oder Saugluft als Triebkraft für die Wagen *(s. S. 20)*. Namentlich geschah es, da die jetzigen Seil- und Zahnradbahnen noch nicht erfunden waren, auf Strecken mit so erheblichen Steigungen, dass die damalige Dampflokomotive die Höhe nicht zu erklimmen vermochte. Das bekannteste Beispiel solcher Anlagen ist die Bahn von Paris nach St. Germain, welche aber später in eine Lokomotivbahn verwandelt wurde, weil der Pressluftbetrieb sich als zu kostspielig erwies. Trotz dieser üblen Erfahrung mit der Pressluft, welche jetzt zur Lastenbeförderung nur noch bei der Rohrpost verwendet wird, hat sich in den Vereinigten Staaten unter dem Namen Judson

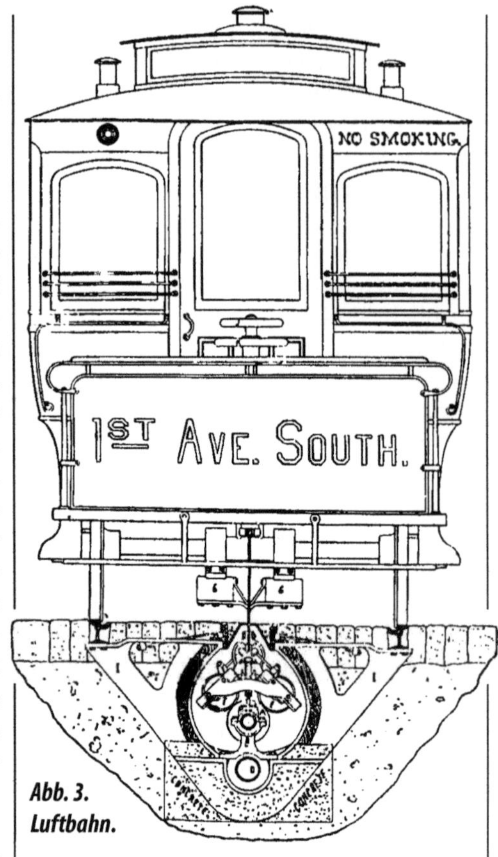

Abb. 3.
Luftbahn.

Pneumatic Street Railway Co. eine Gesellschaft aufgetan, welche sogenannte atmosphärische Eisenbahnen bauen will. Wie wir einem Prospekt dieser Gesellschaft entnehmen, steht sie insofern auf einer gesunden Grundlage, als sie den Kampf mit der Lokomotive und mit der durch Dampf erzeugten Elektrizität nicht aufnehmen will, sondern nur Orte in Aussieht nimmt, wo eine billige Wasserkraft das Zusammenpressen der Luft besorgen kann. Trotzdem befürchten wir, dass die Anlage und der Betrieb, namentlich die Luftdichterhaltung der Röhrenleitungen, sich wesentlich teurer stellen werden, als der elektrische Betrieb. Den Querschnitt einer Luftbahn veranschaulicht beikommende *Abb. 3.*

Zwischen den Schienen liegt eine Röhre, in welche sich ein durch einen Stempel mit dem Wagen verbundener Kolben fortbewegt, sobald hinter demselben Pressluft eingelassen wird. Die Röhre hat oben einen elastischen Verschluss, der sich hinter dem Stempel sofort wieder luftdicht schließt, oder schließen soll. Die Erfahrung in St. Germain hat aber gelehrt, dass der Verschluss nie lange vorhält und dies ist auch begreiflich. Gegenüber der Elektrizität steht die Pressluft insofern auch im Nachteil, als sie nicht zugleich den Wagen beleuchtet, und als das Zusammenpressen der Luft sehr umfangreiche Anlagen erfordert.

Gleichfalls hauptsächlich auf Gebirgsgegenden mit wohlfeiler Wasserkraft berechnet ist die auf den ersten Augenblick recht abenteuerlich vorkommende hydraulische Bahn von Girard-Barre, von welcher eine Versuchsbahn auf der Pariser Ausstellung einiges Aufsehen erregte *(s. S. 88 u. Abb. 4)*. Die Urheber des Projekts schaffen die Räder ab, die viel Schmiermaterial bedürfen und eine große Reibung erzeugen. Sie ersetzen dieselben durch eine dünne Wasserschicht, welche vom Tender aus unter Druck zwischen die Schiene und die den Wagen tragenden Schuhe eingeschoben wird. Die Wagen ruhen also nicht auf den Schienen, sondern auf Wasser, und sie rutschen so ruhig dahin, wie etwa ein Segelboot. Unabhängig von der Vorrichtung zum Einpressen des Wassers ist eine sich zwischen den Schienen hinziehende Turbinenanlage, welche die Triebkraft abgibt. Sollen die Wagen halten, so wird der Wasserzufluss zu den Schuhen abgesperrt, und der Zug steht infolge der Reibung bald still. Girard-Barre hoffen, wohl zu optimistisch, eine Geschwindigkeit von 200 km/h erzielen

Abb. 4. Gesamtansicht der hydraulischen Bahn von Girard und Barre.

zu können. Abgesehen von vielen anderen Bedenken, haben die Erfinder den Frost übersehen, welcher der ganzen Herrlichkeit sofort den Todesstoß versetzt, es sei denn, dass man bei der Anlage von Rutschbahnen ausschließlich warme Länder ins Auge fasst oder das Wasser mit Chemikalien versetzt.

Der Übergang von den Eisenbahnen, welche den Personen- und Güterverkehr vermitteln, zu Solchen, die hauptsächlich oder ausschließlich der Güterbeförderung dienen, bildet die sehr sinnreiche einschienige Bahn von Lartigue *(s. S. 98)*. Ursprünglich hatte der Erfinder nur die billige Beförderung von Landes- und Bergwerkserzeugnissen und die Fortbewegung der Züge durch Tiere im Auge, und er hat u. a. in Algerien, sowie bei den Bergwerken von Rio (Ostpyrenäen) derartige Linien seines Systems gebaut.

Später warf er indessen sein Augenmerk mehr auf die Anlage von Neben- und Stadtbahnen, wobei er Dampf wie Elektrizität als Treibmittel in Aussicht nahm. So entstand die kleine Dampfbahn von Listowel nach dem Seebad Ballybunion in Irland sowie das Projekt für Hochbahnen in den Pariser Straßen. Veranschaulicht wird dieses Projekt, bei welchem Lartigue die Elektrizität als Zugkraft in Aussicht nimmt, durch *Abb. 78*, welche die Gestaltung der Tragschiene erklärt. Wie hieraus ersichtlich reiten die Wagen auf einer Hauptschiene, während zwei tiefer liegende Leitschienen in Tätigkeit treten, wenn die eine Saumtasche etwa schwerer ist als die andere. Die Bahn lässt sich nämlich füglich mit einem Pferd vergleichen, das einen Saumsattel trägt. Bei Stadtbahnen, die natürlich ringförmig anzulegen wären, da Ausweichgleise, Drehscheiben und dgl. ausgeschlossen sind, bietet das Lartiguesche System den Vorteil, dass die Bahn, weil nur aus einer Pfostenreihe und einer Schiene bestehend, von der Straßenfläche wenig Raum wegnimmt und den Nachbarhäusern wenig Licht entzieht. Bei kleinen Nebenbahnen aber ist es ein großer Vorzug des Lartigueschen Gedankens, dass die Erdarbeiten fast ganz Wegfallen. Wo Senkungen zu überschreiten sind, nimmt man einfach längere Pfosten. Hügel und Berg umfährt man aber, was um so leichter, als eine Entgleisung der Wagen durchaus ausgeschlossen ist und die schärfsten Krümmungen daher befahren werden können.

Mit der ebengenannten Bahn eng verwandt und wohl in mancher Hinsicht praktischer ist die soeben in Amerika aufgetauchte Bicycle-Bahn von Boynton *(s. S. 104)*. Wie aus der beikommenden *Abb. 6* der Boyntonschen Lokomotive ersichtlich, ruht die Maschine auf drei hintereinander angeordneten doppelflanschigen Rädern von großem Durchmesser, welche auf einer Tragschiene laufen, während eine oben über der Bahn sich hinziehende leichtere Schiene, in welche Lenkräder eingreifen, das Umfallen der Maschine verhütet. Dieses Umfallen könnte übrigens, wie die Erfahrung mit den Zweirädern lehrt, nur bei Stillstand des Zuges, bei heftigem

Abb. 5. Die einschienige Bahn von Lartigue zwischen Listowel und Ballybunion in Irland.

Seitenwind oder bei Krümmungen der Bahn eintreten. Sobald sich die Fahrzeuge rasch bewegen, dürften sie infolge ihres Schwunges die Lenkschiene kaum beanspruchen, so dass diese die Reibung nur unmerklich erhöht. Die Lokomotive ist, wie die Wagen, zweistöckig, oben steht der Maschinist, unten der Heizer. Das ganze Fahrmaterial ist sehr schmal gebaut (1,20 m), und zwar aus sehr guten Gründen. Die geringe Breite desselben bietet nämlich die Möglichkeit, bestehende eingeleisige Bahnen bei Anwendung des Boyntonschen Systems als zweigleisige zu betreiben und damit ihre Leistungsfähigkeit zu erhöhen. Andererseits liegt die Lenkschiene so hoch, dass sie den gleichzeitigen Betrieb der Bahn mit gewöhnlichem Material nicht behindert. Von dem oben erwähnten Vorteil abgesehen, führt Boynton hauptsächlich die geringen Baukosten seiner einschienigen Bahn, das geringere Gewicht des Fahrparks, die verminderte Reibung und das leichtere Befahren der Krümmungen als Vorzüge ins Treffen.

Der ungeheure Aufschwung des im Grunde unbequemen und dabei teuren Telegrafen rührt wohl zum Teil von der Spärlichkeit der Postverbindungen her. Besäße, um ein Beispiel herauszugreifen, Berlin eine stündliche Postverbindung mit Paris und läge ungleich die Möglichkeit vor, dass Briefe und kleine Pakete die Entfernung etwa in 5 – 6 Stunden zurücklegen, so würde das Publikum nicht so leicht zum Telegrafen greifen und der Post viel häufiger den Vorzug geben. Diese sehr richtige Erwägung brachte Werner von Siemens vor einigen Jahren auf den Gedanken einer elektrischen Bahnpost. Er wollte in der Regel dem Körper der bestehenden Bahnen entlang eiserne Röhren anlegen, in

Abb. 6. Bicycle-Lokomotive

deren Inneren kleine mit Briefen und leichten Paketen beladene Wagen, durch Elektrizität getrieben, auf Schienen dahinrollen sollten, und zwar bedeutend rascher als die Schnellzüge.

Der Gedanke, welcher natürlich in der Heimat keinen Anklang fand, wird jetzt in Amerika von zwei Seiten wieder aufgenommen und bei dem bekannten Unternehmungsgeist der Yankees sicher durchgeführt. Zunächst von der *Weemes Electro-automatic Transit Co.* in Baltimore. Wie aus *Abb. 7 u. 8* ersichtlich, welche die elektrische Bahnpost in Vorder- und Seitenansicht darstellen, besteht die Weemessche Bahn aus eisernen Kabinen und einem Unterbau, welcher zwei Schienen trägt, während eine Leitschiene an dem oberen Verbindungsbalken befestigt ist. Auf den Schienen laufen auf sechs Rädern

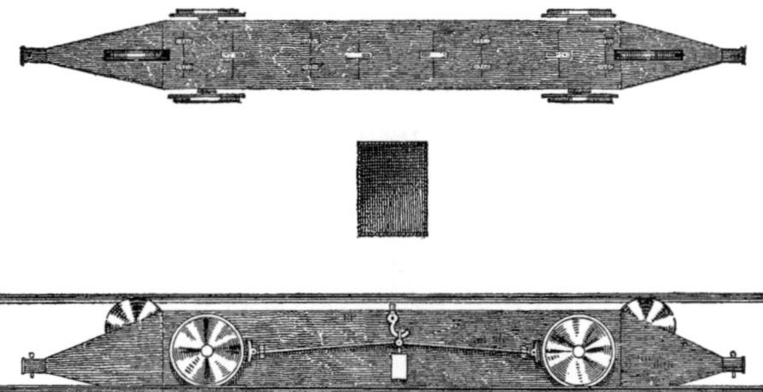

Abb. 7. Weems elektrisch-automatischer Transportwagen. Draufsicht, Vorderansicht und Seitenansicht.

5,40 m lange, zur leichten Überwindung des Luftwiderstandes zugespitzte eiserne Wagen, die hauptsächlich mit Briefschaften, Streifbandsendungen etc. angefüllt sind. Die Fortbewegung der Wagen erfolgt auf elektrischem Weg durch eine an den oberen Querbalken angeordnete Leitung oder durch die obere Schiene von an der Bahn gelegenen Elektrizitätswerken aus. In belebten Gegenden wird die Bahn oberirdisch auf Pfeilern geführt. Von dem Elektrizitätswerk aus ist die Lage jedes einzelnen Zuges stets ersichtlich, und es trifft der Leiter des Werks danach seine Maßnahmen. Er bringt auf den Stationen den Zug durch Abstellen des Stromes zum Stehen und setzt ihn auf ein telegrafisches Signal hin wieder in Bewegung.

Auf einer Versuchsstrecke wurde eine Geschwindigkeit von ca. 800 m in der Minute erzielt, und es macht sich Weemes anheischig, Postsachen in einem Tag von New York nach San Francisco zu befördern, während die Schnellzüge sechs Tage dazu brauchen.

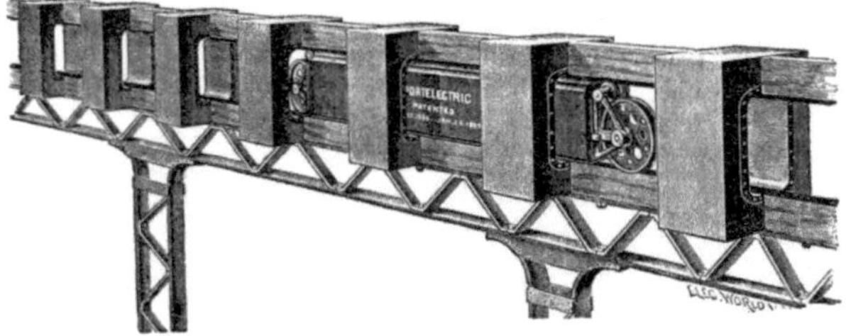

Abb. 9. Portelectric-System.

Möge er recht behalten, ebenso wie die amerikanische Gesellschaft, welche das sogenannte Portelectric-System ausbeuten will! Die ebenfalls der Beschleunigung des Briefverkehrs dienende Bahn besteht, wie aus *Abb. 9* ersichtlich, aus

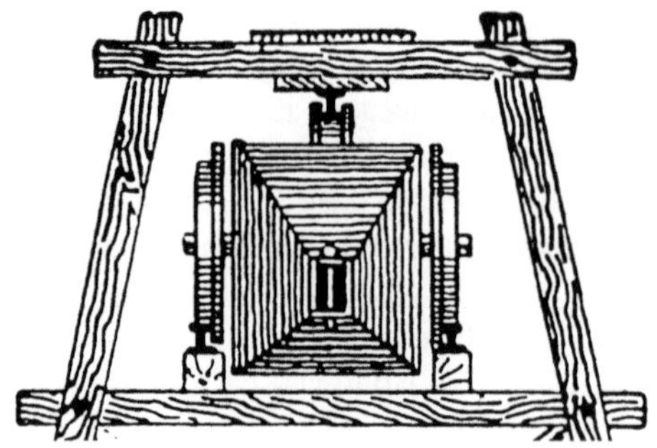

Abb. 8. Einzelgleis.

einzelnen Drahtspulen, zwischen welchen ein Wägelchen auf einer Schiene läuft, während eine obere Schiene dasselbe am Umfallen hindert. Das Ganze beruht auf der Anziehungskraft einer Drahtspule, durch welche ein elektrischer Strom geht, auf einen Eisenbarren, d. h. hier auf den Stahlwagen. Die Spule zieht den Wagen an, und es wird der Strom in dem Augenblicke selbsttätig unterbrochen, wo der Wagen durch die Spule läuft, worauf die folgende Spule zu wirken beginnt usw. Prof. Dolbear erklärte die Sache für sinnreich und praktisch; augenscheinlich ist jedoch die Portelectric-Bahn teurer als die Weemessche. Sie dürfte sich daher mehr für sehr lebhafte Strecken, als Ersatz der Rohrpost, eignen.

Das wären die hauptsächlichsten Eisenbahntypen, welche die neueste Zeit zu Tage gefördert hat. Sie zeigen aufs Deutlichste, dass die Eisenbahnfachleute nicht auf ihren Lorbeeren ausruhen und sich namentlich jenseits des Ozeans die wunderbare Kraft der Elektrizität zu Nutze zu machen bestrebt sind. Mögen ihre Bemühungen von Erfolg gekrönt sein!

Neue Bahnen

In unserm verkehrslustigen Zeitalter häufen sich mit fast erschreckender Geschwindigkeit die Erfindungen für die Personenbeförderung. Wagen, Bahnen, Schiffe, Fahrräder und Fahrstühle erhalten neue Formen oder neue Verwendungszwecke. Viele dieser Erfindungen haben sich die Anerkennung noch nicht erstritten. So suchen die Erfinder denn ihre Neuerungen im Kleinen dem Publikum vorzuführen und wählen dazu mit Vorliebe die modernen Ausstellungen in unseren Großstädten. Andere Neuerungen wiederum sind im Grunde genommen weiter nichts als geistreiche Spielereien, dazu bestimmt, die Volksmassen zu belustigen und zu unterhalten. Auch die Erfinder dieser ›Neuheiten‹ stellen sich auf den Ausstellungen ein und finden dort in der Tat ein dankbares Publikum und – was ihnen die Hauptsache ist – ihre Rechnung.

Die große Berliner Gewerbeausstellung hatte auf diesem Gebiete manches Originelle aufzuweisen. Es tauchten auf ihr einige neue oder bisher nur wenig bekannte Bahnen auf, die, sei es im Ernst, sei es im Spiel, ein so großes allgemeines Interesse erweckten, dass sie eine nähere Betrachtung wohl verdienen.

Unsere Zeitgenossen streben gern empor und sind eifrige Freunde schöner weiter Aussichten. Auf allen Berggipfeln baut man Aussichtstürme und auch auf den Ausstellungen dürfen dieselben nicht fehlen. Je

Abb. 10. Die elektrische Turmbahn.

höher sie sind, je weiter und umfassender sich der Ausblick von ihren Zinnen gestaltet, desto größer ist der Zulauf. Das Treppenklettern ist jedoch nicht jedermanns Liebhaberei und für den müden Ausstellungsbesucher auch zu beschwerlich. Er will mühelos hinaufbefördert werden, und darum müssen die Türme mit Fahrstühlen ausgestattet werden. Einen besonderen Reiz übt aber ein solcher Aussichtsturm aus, wenn der Fahrstuhl von den gewöhnlichen Mustern abweicht und das Verweilen in demselben während der Auffahrt Bequemlichkeit und einen ›noch nie dagewesenen‹ Genuss bietet. Etwas Derartiges ist nun in diesem Jahre auf der Berliner Ausstellung durch die elektrische Turmbahn geschaffen worden. Die *Abb. 10* gibt eine Ansicht derselben wieder. Inmitten einer großen Rotunde, die natürlich eine Restauration enthält, steigt ein schlanker Turm bis zu der Höhe von 60 m auf. Um den Turm

hängt, wie der Ring um einen Finger, leicht und elegant ein kreisförmiger Fahrstuhl. Das Eigentümliche der neuen Beförderung liegt in der doppelten Bewegung, die der Fahrstuhl ausführt. Während er langsam seiner stolzen Höhe zustrebt, beschreibt er eine aufsteigende Schraubenlinie und dreht sich somit fortdauernd um seine Achse. Der Beobachter, der in dem Fahrstuhl sitzt, ist somit in der Lage, während sein Blick weiter und weiter schweift, stets neue Landschaftsbilder zu bewundern, die sich vor ihm aufschließen. Er empfängt geradezu den Eindruck, als ob er frei im Raume schwebe.

Der schlanke Turm, der in der luftigen Eisenkonstruktion einen äußerst eleganten Eindruck macht, wurzelt in energischer Weise in dem Erdboden. Und wenn der Sturm noch so stark an seinem Fuße rütteln wollte, er würde nichts vermögen; denn der Turm ist an 90 stählernen Ankern und mächtigen

Abb. 11. Auf der Stufenbahn.

Trägern gefesselt, und schon das Gewicht seines Fundamentes, das allein 400 000 kg ausmacht, widerstrebt jeder Erschütterung. Außerdem wurden noch 350 000 kg Eisen zum Aufbau des Turmes verwendet. In dem Fahrkorb, der von acht mächtigen Stahldrahtseilen gehalten wird, können 60 Personen befördert werden; er hat einen Durchmesser von 12 m und wird durch ein Gegengewicht von 38 000 kg, das aus Bleiplatten besteht, im Gleichgewicht erhalten. Zur Bewegung der fast 1500 Zentner wiegenden Last dienen Elektromotoren, welche 40 PS entwickeln.

Wenn die elektrische Turmbahn die Schaulust in hohem Maße befriedigt, so ist eine andere Erfindung, die Wasserbahn, wohl geeignet, das Entzücken derjenigen hervorzurufen, die ihrem Vergnügen gern etwas Übermut beizumengen pflegen. Im Vergnügungspark der Berliner Ausstellung lag das Wirtshaus zur Alm. Von seinen geschnitzten Balkons aus konnte der Besucher erstaunt oder belustigt auf ein merkwürdiges Schauspiel herabschauen, das durch *Abb. 12* vergegenwärtigt wird. An einer künstlichen ›Gebirgswand‹ erhebt sich unter bedeutender Steigung eine 36 m lange Bahn bis zur Gipfelhöhe von 12 m. Der Neugierige, der die Wunder der Wasserbahn an seinem eigenen Leibe erfahren möchte, besteigt ein Boot am See und wird mit wenigen Ruderschlägen der auf unserem Bilde am Drahtgitter befindlichen Stelle zugeführt, von der aus ein Fahrstuhl das Boot in die Höhe trägt. Außerdem führt eine Treppe zum obersten Stockwerk der Bahn. Das Boot besitzt vier am Rande ausgekehlte Rollen und bildet gewissermaßen den Übergang zwischen Land- und Wasserfahrzeugen. Auf der Höhe des Fahrstuhles setzen die Bootsrollen in Schienen ein und dann saust das Fahrzeug mit großer Geschwindigkeit in die Tiefe. Mit gewaltigem Geräusch und wildem Aufschäumen des Wassers stürzt es endlich in den See. So ist hier die Wasserbahn mit der Rutschbahn verbunden.

Viel wichtiger ist die dritte Bahn, die wir unseren Lesern vorführen: die elektrische Stufenbahn, die zuerst auf der Weltausstellung in Chicago und dann auch auf der Berliner Gewerbeausstellung *(s. S. 65)* in Betrieb gesetzt wurde. In ihr haben wir keine bloße Spielerei vor uns, sondern vielmehr ein neues Beförderungsmittel, das nach Ansicht vieler Fachmänner berufen sein dürfte, den Verkehr in den Großstädten noch vollkommener zu gestalten.

Die kleine Versuchsanlage in Berlin machte im Äußeren auf den ersten Blick den Eindruck eines Riesenkarussells. Bestieg man den Perron, so hatte man eine sehr große Zahl von Bänken vor sich, die sich in weiter in sich selbst geschlossener Kurve immer nach der gleichen Richtung und mit derselben Geschwindigkeit bewegten. Diese Bänke eilen dahin mit der Schnelligkeit unserer elektrischen Straßenbahnen und halten gar nicht an. Trotzdem können Fahrlustige dieselben mit aller Bequemlichkeit besteigen oder verlassen. Dies ist infolge einer sinnreichen Einrichtung möglich. Betrachten wir die Anlage der Stufenbahn genauer, so sehen wir, dass sie aus zwei Plattformen besteht. Die erste, die nach innen zu gelegen ist, bewegt sich mit einer Geschwindigkeit von 5 km/h, also ebenso schnell wie ein gut vorwärtsschreitender Fußgänger. Die Zweite, die den äußeren Ring bildet, liegt einige Zentimeter – eine Stufe – über der Ersten und eilt ununterbrochen doppelt so schnell, also mit 10 km/h dahin. Es ist nun klar, dass es überaus leicht ist, die erste langsam fortschreitende Plattform zu besteigen oder zu verlassen, sobald man sich nur in der Fahrtrichtung hält. Mit derselben Bequemlichkeit können wir ja auch einen nicht zu geschwind dahinfahrenden Trambahnwagen besteigen oder von ihm abspringen. Steht nun der Fahrgast auf der inneren Plattform, so bewegt er sich mit dieser fort, sein Körper hat bereits eine Geschwindigkeit von 5 km/h und die äußere, mit Bänken besetzte Plattform läuft für ihn eigentlich nur mit einer Geschwindigkeit von gleichfalls 5 km/h vorwärts. Sobald also der Fahrgast in der Fahrtrichtung fortschreitet, kann er mit derselben Gemächlichkeit die schneller kreisende Plattform besteigen. In gleicher Weise wird auch das Verlassen der Bahn erleichtert. • *F. B.*

Pneumatische Bahnen

Abb. 13. Broadway-Tunnel der New York Parcel Dispatch Company von 1872.

Die pneumatische Eisenbahn

Illustrirte Zeitung • 9.11.1867

Die Geschichte der pneumatischen Eisenbahnen bietet uns ein recht auffälliges Beispiel für die häufig zu machende Erfahrung, dass Erfindungen, welche anfangs eine Zeit lang mit Vorliebe gepflegt werden und zu den schönsten Hoffnungen berechtigen, später, wenn sie die vielleicht zu hoch gespannten Erwartungen, welche man an sie knüpfte, nicht befriedigen, missmutig beiseitegelegt und Jahrzehnte lang der Vergessenheit anheimgegeben werden, bis dann ein späteres Geschlecht ihren Wert richtiger erkennt, sie weiter ausbildet und mit verbesserten Hilfsmitteln ausbeutet. Es kann nichts Einfacheres geben als das Prinzip, auf welches sich die pneumatischen Eisenbahnen gründen. Jedermann kennt die Art und Weise, wie die Kugel in einem Blasrohr oder im Lauf einer Windbüchse in Bewegung gesetzt wird; man weiß, dass es der Druck der auf der Rückseite der Kugel in großer Menge einströmenden Luft ist, welcher die Kugel vorwärtstreibt.

Der berühmte Physiker Papin scheint der erste gewesen zu sein, welcher den Gedanken hatte, sich dieses Mittels zum Transport von Gegenständen auf größeren Strecken zu bedienen, und im Anfang des 19. Jahrhunderts hat der englische Ingenieur Medhurst dieselbe Methode wieder in Vorschlag gebracht. Beide wollten einen in einer Röhre beweglichen Kolben durch Luft, die auf seiner Rückseite eingepumpt werden sollte, vorwärtstreiben. Es scheint indessen weder Papin noch Medhurst die Mittel zur Realisierung dieses Projekts gefunden zu haben, und es ist überhaupt die ganze Idee zuerst in etwas abgeänderter Weise zur Ausführung gekommen. Die Fortbewegung eines Kolbens in einer Röhre beim Einblasen von Luft auf der Rückseite ist nämlich eine Folge der Verschiedenheit des Drucks, den dieser Kolben auf beiden Seiten erleidet; während auf der Vorderseite nur der Druck der atmosphärischen Luft lastet, drückt auf der Rückseite eine mehr oder minder verdichtete Luftmasse, die allerdings auch noch durch ihren Stoß wirkt. Eine solche Ungleichheit des Drucks auf Vorder- und Hinterseite lässt sich aber auch dadurch erzeugen, dass man die auf der Vorderseite des Kolbens in der Röhre befindliche Luft ganz oder doch zum Teil auspumpt und also den Kolben durch Saugen vorwärtsgeht. Würde man die Luft vollständig auspumpen und auf die Rückseite des Kolbens die Atmosphäre wirken lassen, so würde jeder Quadratzentimeter der Kolbenfläche einen Druck von ungefähr einem Kilogramm erleiden, und man erkennt leicht, dass bei einem einigermaßen beträchtlichen Querschnitt der Röhre schon ein teilweises Auspumpen der Luft hinreicht, um einen ziemlichen Druck zu erzeugen und dem Kolben eine große Geschwindigkeit zu erteilen.

Die Benutzung des luftleeren oder luftverdünnten Raumes als Mittel zur Fortbewegung in der angegebenen Weise ist von Valance in Brighton bereits im Jahr 1818 in Vorschlag gebracht worden. Derselbe beabsichtigte, Güter und Personen in einem zylinderförmigen Raum zu transportieren, welcher sich als Kolben in einer Röhre oder einem Tunnel fortbewegte, sobald die Luft auf seiner Vorderseite ausgepumpt wurde. Valance erhielt bereits im Jahre 1824 ein Patent auf seine Erfindung, es gelang ihm indessen nicht, dieselbe zu verwirklichen. Im Jahr 1840 nahm er sein Projekt abermals auf und ließ in Brighton eine etwa 67 m lange und 3 m im Durchmesser haltende Röhre aus Holz anfertigen, welche mit Leinwand überzogen wurde. In diesem Tunnel wurde eine verschiebbare Scheidewand aus Brettern und an dieser ein Wagen angebracht. Sobald mit Hilfe einer Luftpumpe die Luft auf der Vorderseite jener Scheidewand verdünnt wurde, bewegte sich die letztere mit dem Wagen vorwärts, und es hat Valance auf diese Art wiederholt Personen durch seinen Tunnel befördert. Indessen auch diese gelungenen Versuche förderten das Unternehmen nicht wesentlich, und dasselbe geriet wieder in Vergessenheit. Die Hauptursache dafür ist wohl in dem Umstand zu suchen, dass damals die Ingenieure Englands eben beschäftigt waren, eine andere, verwandte Idee zur Ausführung zu bringen.

Es war dieses die sogenannte ›atmosphärische‹ Eisenbahn, eine Erfindung von Henry Pinkus in London. Pinkus machte, und zwar bereits 1825, den Vorschlag, die Röhre, in welcher ein Kolben durch Verdünnung der Luft in Bewegung gesetzt wird, auf der Oberseite mit einem schmalen Spalt zu versehen, durch welchen eine am Kolben angebrachte Zugstange geführt wird, an welcher dann ein Wagenzug angehängt werden kann, dessen Räder auf Schienen laufen, die zu beiden Seiten der Röhre liegen. Die Hauptschwierigkeit, welche sich der Realisierung dieser Idee entgegenstellte, lag, wie man leicht erkennt, in der Herstellung eines gehörig luftdichten Verschlusses für jenen Spalt, der aber dabei doch der Zugstange einen leichten Durchgang gestattete. Erst im Jahre 1830 gelang es dem berühmten englischen Gasingenieur Clegg, eine Klappe zu konstruieren, welche dieses Problem in einigermaßen befriedigender Weise löste, und schon im folgenden Jahre stellte derselbe in Verbindung mit dem älteren Samuda eine etwa 800 m lange Strecke der Birmingham-Bristol- und Themse-Verbindungsbahn bei Wormholt Scrubbs in der Nähe von London nach diesem atmosphärischen System her. In den folgenden Jahren wurden dann noch mehre Bahnen nach diesem System gebaut, so die 2,8 km lange Bahn von Kingstown nach Dalkey (s. S. 25), die London-Croydon-Bahn sowie ein Stück der South-Devon-Bahn, in Frankreich die Bahn von Paris nach St. Germain. Was dieses System empfahl, war besonders die große Sicherheit, welche dasselbe gewährt, da keinerlei Gefahr einer Explosion, Entgleisung, eines Zusammentreffens mehrerer Züge vorhanden ist; ferner kann dasselbe bei starken Krümmungen sowie bei Steigungen, welche den Betrieb mit Lokomotiven nicht mehr gestatten, zur Anwendung kommen. Alle diese Vorzüge sind indessen nicht dem ›atmosphärischen‹ System von Pinkus eigentümlich, sondern sie kommen dem pneumatischen Prinzip überhaupt zu, und gerade das Pinkussche System erscheint als eine bedenklich komplizierte Modifikation des allgemeinen Prinzips. Die Hauptschwierigkeit bereitete, wie erwähnt, der luftdichte Verschluss der Röhre, und an dieser Schwierigkeit hauptsächlich sind denn auch schließlich die atmosphärischen Bahnen gescheitert. Eine nach der anderen ist ganz geräuschlos beseitigt und in eine gewöhnliche Eisenbahn umgewandelt worden, so dass heutzutage keine atmosphärische Bahn mehr existiert. Am längsten, bis in die 1850er-Jahre, hat sich die Dalkey-Bahn erhalten.

Damit war aber auch das ganze pneumatische Prinzip auf längere Zeit der Vergessenheit anheimgegeben, und es bedurfte einer neuen Anregung, um die Aufmerksamkeit wieder auf dasselbe zu lenken. Bereits im Jahr 1854 ließen sich Galy-Cazalat in Frankreich und L. Clarke in England ein Verfahren zur Beförderung von kleineren Paketen in einer Röhre durch Verdünnung der Luft patentieren, aber erst dem Engländer Rammell gelang es, dieses Verfahren, von ihm mehrfach verbessert, unter dem Namen *Pneumatic dispatch* (pneumatische Depeschenbeförderung) zur Ausführung zu bringen. Es ist dieses Rammellsche System seitdem in London zur Verbindung der einzelnen Poststationen, ferner in Berlin, Paris und an-deren Orten praktisch ausgeführt und bewährt gefunden worden.

So hat sich also das pneumatische Prinzip in der Praxis Geltung verschafft, aber seine Anwendung ist nicht auf die eben beschriebene Form der Paketbeförderung beschränkt geblieben. In kleinstem Maßstabe hat es z.B. bei den Siemensschen Depeschenbläsern Verwendung gefunden, bei denen eine kleine Kapsel, welche man in eine Röhre einlegt, durch den Druck der Luft, die mittels eines Blasebalgs eingeblasen wird, auf eine kurze Strecke befördert wird, ein für Telegrafenämter, größere Geschäfte usw. sehr bequemes Kommunikationsmittel zwischen verschiedenen Räumlichkeiten. Wichtiger aber noch erscheinen die Versuche, welche gemacht worden sind, um dieses System zur Beförderung von Personen zu benutzen. Schon die Karren der *Pneumatic dispatch* sind wiederholt benutzt worden, um Personen aufzunehmen, die

Abb. 14. Eine Fahrt auf der pneumatischen Eisenbahn 1865 in London.

allerdings eine etwas unbequeme Lage annehmen müssen *(Abb. 14)*; außerdem aber hat auch Rammell im Jahr 1864 in der Nähe des Kristallpalastes von Sydenham einen 3 m, 2,7 m weiten und 550 m langen Tunnel aus Backsteinen errichten lassen *(s. S. 35)*, welcher mit einer Schienenbahn versehen wurde, und durch welchen große Eisenbahnwagen durch den Druck der Luft in derselben Weise bewegt wurden, wie dieses in den unterirdischen Röhren der *Pneumatic dispatch* geschieht.

Derselbe ist die Veranlassung geworden zu mehren ähnlichen Unternehmungen. Zunächst bildete sich in London eine Gesellschaft, die Waterloo and Whitehall Pneumatic Railway Company, zu dem Zweck, eine Verbindungsbahn zwischen dem Bahnhof der Südwestbahn auf dem südlichen Themse-Ufer mit Charing Cross auf dem nördlichen Ufer nach dem pneumatischen System zu bauen. Diese Bahn soll den Fluss durchsetzen in einem wasserdichten Rohr, welches in einem im Flussbett gegrabenen Kanal versenkt, dort befestigt und vermauert werden soll. Dieses Rohr besteht aus Abteilungen von 67 m, ist aus 19 mm starkem Eisen und mit vorstehenden Rippen versehen, der zwischen den letzteren befindliche Raum wird mit Mauerwerk bekleidet, so dass das Eisen nicht mit dem Wasser in Berührung kommt, die Enden jeder Abteilung werden dicht verschlossen, dann das Ganze versenkt. Auch die Innenseite dieses Tunnels wird mit Ziegeln ausgemauert. Der innere Durchmesser wird 3,9 m messen, der ganze, unter Wasser liegende Tunnel wird eine Länge von 1000 m haben. Schon im Frühjahr 1867 war die Arbeit ziemlich weit vorgeschritten.

Großen Anklang hat auch das Prinzip der pneumatischen Eisenbahnen in der Schweiz gefunden, hauptsächlich, weil dasselbe ein treffliches und einfaches Mittel bietet und einfaches Mittel bietet, große Steigungen zu überwinden. So hat z. B. Bergeron, der frühere Oberingenieur der französischen Westbahnen, von der Regierung des Kantons Waadt die Konzession zur Erbauung einer pneumatischen Bahn zwischen dem Bahnhof von Lausanne, in welchen vier Linien münden, und dem Platz St. Francois in der Stadt erhalten. Da die Stadt auf einem Hügel 120 m über dem Spiegel des Genfersees, der Bahnhof aber nur 75 m hoch liegt, so ist die Verbindung zwischen beiden eine ziemlich schwierige, und sie findet bisher nur auf sehr steilen und unbequemen Straßen statt. Bergeron beabsichtigt nun, auf dieser Strecke, welche eine Steigung von 15 % hat, einen Tunnel zu bauen, in welchem die Züge durch Luft, welche hinter den Wagen verdichtet wird, aufwärts getrieben werden, während die Abwärtsbewegung durch die bloße Schwere der Wagen erfolgen soll, wobei es sich nur darum handelt, die Geschwindigkeit durch Bremsen und durch komprimierte Luft zu mäßigen. Vor einiger Zeit hat auch Bergeron der British Association in Nottingham den Plan zu einer pneumatischen Bahn über den Simplonpass vorgelegt. Diese Bahn soll auf der schweizer Seite eine Steigung von 1 : 6¼, auf der italienischen von 1 : 14 haben, und ihre ganze Länge soll gegen 26 km betragen; der höchste Punkt, bis zu welchem sie sich erhebt, soll etwa 1830 m über dem Meer liegen. Der Tunnel, welcher zu bauen ist, soll so groß werden, dass er einen gewöhnlichen Omnibus aufnehmen kann, und würde sich am Rand des Abgrundes hin in Form einer Galerie in den Felsen hauen lassen. Zur Verdichtung der Luft können mit Vorteil die Wasserkräfte benutzt werden, die hier, wie anderwärts in den Alpen, reichlich zur Verfügung stehen. Überhaupt hat man vielfach in der Schweiz erkannt, dass das pneumatische System bestimmt ist, beim Bau von Alpenbahnen eine wichtige Rolle zu spielen, indem es so kostspielige direkte Tunnelbauten, wie z.B. den durch den Mont Cenis, entbehrlich macht, aber doch auch nicht zu so beträchtlichen Umwegen nötigt, wie die mit Lokomotiven zu befahrenden Bahnen, da es weit größere Steigungen zulässt. In den letzten Jahren hat namentlich der Nationalrat Seiler in Bern eine sehr rührige Tätigkeit entwickelt, um die Anlegung solcher pneumatischen Bahnen im zu setzen. *Abb. 15* zeigt uns das Modell einer solchen Bahn, welches sich gegenwärtig in der Ausstellung des American Institute in New York befindet und von Needham herrührt. Der Tunnel selbst hat ungefähr die Gestalt einer Ellipse, und die Bewegung des Wagens im Inneren erfolgt, indem gleichzeitig auf der einen Seite Luft eingepumpt, auf der anderen dagegen ein luftverdünnter Raum erzeugt wird. In dieser doppelten Wirkung besteht das Wesentliche der Needhamschen Erfindung.

Wir hoffen im Vorstehenden gezeigt zu haben, dass das System der pneumatischen Eisenbahnen noch eine große Zukunft hat. Namentlich halten

Abb. 15. Reedhams Modell einer pneumatischen Eisenbahn.

Hochgebirge anzuregen. Diese Bahnen würden natürlich nur Sektionen anderer Bahnen bilden und besonders da anzubringen sein, wo es gilt, starke Steigungen zu überwinden.

Auch in der Neuen Welt haben die Erfolge, welche die pneumatischen Bahnen in England bisher errungen haben, die Aufmerksamkeit auf sich gezogen, namentlich geht man damit um, New York durch solche, unter dem East und North River anzulegende Bahnen mit den Nachbarstädten Brooklyn, Jersy City und Williamsburg in Verbindung wir dasselbe für wichtig, wenn es sich um Überwindung großer Steigungen handelt, und dann in solchen Fällen, in denen aus irgendwelchen Gründen die Anlegung eines Tunnels geboten ist; so namentlich in volkreichen Städten, in denen der lebhafte Verkehr die Anlegung einer Eisenbahn auf der Straße nicht erlaubt und daher die Bahn in einen unterirdischen Tunnel weist. Das pneumatische System hat bei solchen Tunnelbahnen den großen Vorzug, dass es besondere Sorge um eine kräftige Ventilation überflüssig macht. ❏

Die atmosphärische Eisenbahn von Kingstown nach Dalkey

Illustrirte Zeitung • 6.4.1844

Seit Erfindung der Dampfbewegung dürfte vielleicht kein technischer Gegenstand die allgemeine Aufmerksamkeit so sehr auf sich gezogen haben, als die atmosphärischen Eisenbahnen, und wohl nicht ganz mit Unrecht. Denn wenn auch die ungeheuren Erfolge, welche man von ihnen erwartet, nicht eintreten, wenn auch die überspannten Hoffnungen mancher Leute nicht ganz erfüllt werden, so ist doch immerhin ein großer Schritt vorwärts getan und ein Hilfsmittel gegeben, um Schwierigkeiten zu beseitigen, welche bis dahin manchem großartigen Unternehmen hemmend in den Weg traten. Wenn wir auch keine atmosphärischen Eisenbahnen durch ganze Länder hin anlegen werden, so wird doch das atmosphärische System sich dem Dampfsystem nach und nach eng anschließen und eins das andere ergänzen. Wir werden weiter unten auf diesen Punkt zurückkommen.

Die nicht unbedeutende Anzahl von, durch Beschädigung der Lokomotiven und sonst auf den Eisenbahnen herbeigeführten Unglücksfällen, die Überzeugung, dass unsere Lokomotiven, trotz der vielen, im Laufe der Zeit daran gemachten Verbesserungen, doch immer nur noch sehr unvollkommene Maschinen sind, machten es von jeher zu einer Aufgabe für die spekulative Technik, den Dampf durch irgendeine andere, weniger gefährliche und den Zufälligkeiten minder ausgesetzte Triebkraft zu verdrängen.

Vallance, ein Engländer, ging von der Idee aus, ein Element – man erlaube uns diesen gebräuchlichen Ausdruck, wenn auch die Chemiker daran Anstoß nehmen sollten – als Triebkraft anzuwenden, welches man bisher bei den Eisenbahnen, als hemmend, bekämpft hatte, wir meinen den Luftdruck, der überall als Verzögerungs-Koeffizient mit in Rechnung gestellt wurde. Vallance machte zuerst im Jahr 1824 den Vorschlag, einen Zylinder, dessen Durchmesser groß genug war, um die Eisenbahn zusammen mit den Wagen zu umschließen, auf die ganze Länge der Fahrbahn zu legen, darin einen Zugkolben anzubringen, an diesen die Wagen zu hängen und dann die Luft vor dem Kolben aus dem Zylinder zu pumpen, worauf der Druck, den die atmosphärische Luft gegen die Hinterseite des Kolbens aus übt, diesen und den ganzen Wagenzug vorwärtstreiben sollte. Der ganze Vorschlag stellte sich auf den ersten Blick vollkommen unausführbar dar, und wurde sehr bald vergessen. Die Grundlage aber, auf welcher Vallance gebaut hatte, war zu gut gewesen und die Idee selbst arbeitete sich fort.

Namentlich griffen die Herren Clegg und Gebrüder Samuda dieselbe auf, und ihrem Erfindungsgeist gelang es die Schwierigkeiten zu beseitigen, an welchen Vallance gescheitert war. Sie traten dem Spott kühn entgegen, welchen die öffentliche Meinung in ihrer Zähigkeit gegen die Annahme neuer Ideen auf sie schleuderte und gingen ruhig in Vervollkommnung ihrer Ideen vorwärts. Eine Probebahn bei Wormwood-Scrubbs bei London, von 370 m Länge, deren Zylinder von 23 cm Durchmesser durch eine Maschine von 16 PS luftleer gemacht wurde, gab zuerst den Beweis von der Ausführbarkeit der Sache; aber England schloss mutwillig seine Augen vor dem redenden Zeugnis und es gelang den Erfindern nicht, irgendeine der vielen Eisenbahngesellschaften dahin zu bewegen, das neue System in größerem

eine Zweigbahn nach Dalkey anlegen zu dürfen, um aus den dortigen Steinbrüchen das Material zum Hafenbau bei Kingstown, der, eben wegen Mangel an Material, ins Stocken geraten war, herbeiführen zu können, und diese Erlaubnis erhalten. Diese Zweigbahn nun übergab man den Erfindern zur Anlage einer atmosphärischen Eisenbahn.

Die Linie dieser neuen Bahn hat eine Länge von 2,8 km, ist aber höchst unvorteilhaft. Sie hat eine große Menge sehr

Abb. 16. Abfahrt des Zuges auf der atmosphärischen Eisenbahn zwischen Kingstown und Dalkey.

Maßstabe anzuwenden. Da gingen die Erfinder nach Irland, und das von den Engländern so oft verhöhnte Irland ergriff die Idee und gab Raum zur Anwendung derselben, aber auch einen wahrhaften Probierstein für das neue System.

Die Gesellschaft zur Anlage der Dublin-Kingstown Eisenbahn hatte bei ihrer Konzession zugleich darauf angetragen,

kurzer Krümmungen, welche so rasch aufeinanderfolgen, dass auf der Strecke von 800 m deren vier in abwechselnder Richtung aneinanderhängen und dass im Ganzen keine 800 m der Bahn in gerader Linie läuft; außerdem aber haben diese Krümmungen so kleine Radien, dass der kleinste 166 m, der größte 213 m nicht überschreitet; unerhört, wenn man bedenkt, welche Radien wir bei unseren jetzigen Eisenbahnen als Minimum annehmen!

Neben diesen ungünstigen Verhältnissen der Trasse treten aber auch noch eben so ungünstige Steigungsverhältnisse ein, denn die Bahn steigt von Kingstown aus bis auf eine Länge von 370 m in dem Verhältnis von 1:115 und von da ab bis Dalkey in dem Verhältnis von 1:57, während wir bis jetzt mit unseren Lokomotiven Bahnen, welche im Verhältnis von 1:120 steigen, schon für die aller Schwierigsten hielten. Eine dritte Schwierigkeit, welche sich den Unternehmern darbot, waren die Kreuzwege, deren eine große Anzahl die Bahn trafen und die man nur dadurch beseitigen konnte, dass man die ganze Bahn so tief in den Granitboden einschnitt, dass die Kreuzwege jetzt mittelst Viadukte über dieselbe hinlaufen. Dazu kam noch ein kurzer Tunnel zur Verbindung der Zweigbahn mit der Hauptbahn, der ebenfalls durch den Granit getrieben werden musste. Alle diese Schwierigkeiten aber sind beseitigt und die Bahn ist, als vollkommen genügend, am 17. Dezember 1843 dem öffentlichen Verkehr übergeben worden, nachdem schon seit dem August desselben Jahres ununterbrochen Probefahrten mit dem glücklichsten Erfolg gemacht worden waren.

Wir wenden uns nun zu dem Prinzip selbst und dessen Anwendung in der Praxis.

Bekanntlich übt die atmosphärische Luft auf alle Körper, mit welchen sie in Berührung kommt, einen bedeutenden Druck aus, von dem wir für unsere Person nur darum nichts fühlen, weil er über unseren ganzen Körper dergestalt verteilt ist, dass alle Teile desselben in den verschiedenartigsten Richtungen von ihm so getroffen werden, dass Druck und Gegendruck einander aufheben. Wird aber dies Gleichgewicht auf irgendeine Weise gestört, so empfinden wir sogleich den überschüssigen Druck, ein Umstand, der bei allen Körpern derselbe ist. Der Luftdruck kommt nach gemachten Erfahrungen jenem gleich, welchen eine Wassersäule von 9,8 m Höhe auf die von der Luft gedrückte Fläche ausüben würde und lässt sich in Zahlen ausdrücken, da ausgemittelt ist, dass er 1 kg/cm² beträgt, wonach also eine Fläche von einem Quadratmeter mit einem Gewicht von zehn Tonnen von der atmosphärischen Luft gedrückt wird. Befindet sich nun die Platte in der freien Luft, so drückt von beiden Seiten ein gleiches Gewicht auf dieselbe und es hebt eins das andere auf. Wurde man jedoch an einer der beiden Seiten den Luftdruck aufheben, so würde der Druck auf die entgegengesetzte Seite die Platte mit einer Kraft von 10 t vor sich her drücken. Dies ist die Basis, auf welche das Prinzip der atmosphärischen Eisenbahnen begründet ist.

Nun zur Anwendung desselben: Denken wir uns eine lange Röhre, welche an beiden Seiten luftdicht geschlossen ist und in welcher sich an einem Ende eine Scheibe befindet, die an die innere Höhlung der Rohre genau anpasst und sich in derselben hin- und herbewegen lässt, so wird diese Scheibe, da der Zylinder mit Luft gefüllt ist, in demselben stillstehen. Erzeugen wir aber, durch Auspumpen, in der Röhre vor der Scheibe einen luftleeren Raum und lassen dann hinter derselben die atmosphärische Luft in die Röhre treten, so wird jene, wenn das Vakuum vollständig ist, die Scheibe mit einem Druck von 1 kg/cm² ihrer Oberfläche vorwärts schieben und also auch eine verhältnismäßig große

Last, die mit ihr, wie immer möglich, verbunden ist, mit sich fortbewegen können. Ist die Scheibe groß genug und der an ihr befestigte Körper ein auf einer Eisenbahn laufender Wagen, so sehen wir eine atmosphärische Eisenbahn in ihrer Grundform vor uns.

Die Kingstown-Dalkey-Bahn hat nun im Allgemeinen folgende Einrichtung: in der Mitte der beiden Schienenreihen *(Abb. 18)* einer gewöhnlichen Eisenbahn liegt ein gusseiserner, hohler Zylinder, welcher auf den Unterlagshölzern durch angegossene Füße und Schraubenbolzen festgemacht ist und dessen einzelne Stücken mit Muffen und Kragen versehen, ineinandergeschoben und luftdicht verschraubt sind. In diesem Zylinder, welcher bei der Kingstown-Dalkey-Bahn 38 cm inneren Durchmesser hat, bewegt sich ein massiver Kolben *(Abb. 19)*, dessen Dichtung aber höchst elastisch ist, um sich den kleinen Unebenheiten der inneren Wandfläche möglichst genau

anzuschließen. Dieser Kolben hat, nach dem Vakuum zu, einen Knopf zum Aufstoßen des Ventiles, an seinem hinteren Ende aber eine Kolbenstange von 5,5 m Länge, deren Mitte an einer Platte dergestalt aufgehängt ist, dass ein Gegengewicht den Kolben gewichtslos machen und beständig in horizontaler Lage halten kann. Die Kolbenstange ist auf dem größten Teil ihrer Länge, von der Mitte aus, geschlitzt und in dem Schlitz liegen vier Rollen, deren Zweck wir später angeben werden. Um nun den Kolben mit dem Gestell des Maschinenwagens – wir können den bei den Dampfbahnen gebräuchlichen Ausdruck, Lokomotiv, nicht beibehalten, weil der Wagen, den wir hier meinen, nicht mehr die bewegende Kraft enthält und vielmehr der Kolben das Lokomotiv ist –, um also den Kolben mit dem Maschinenwagen zu verbinden und so die Bewegung des ersteren auf den letzteren zu übertragen, ist eine Verbindungsplatte angebracht,

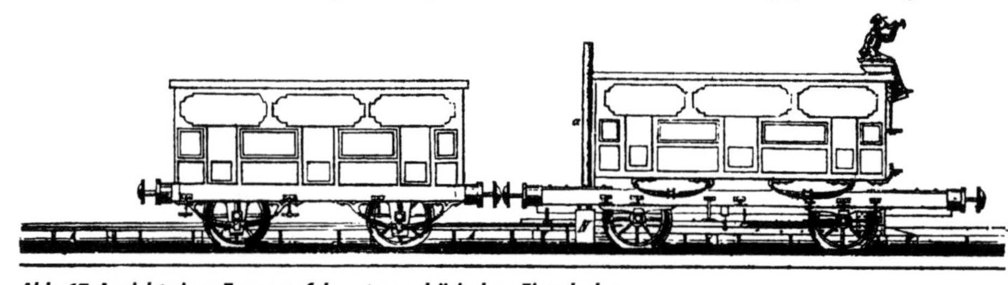

Abb. 17. Ansicht eines Zuges auf der atmosphärischen Eisenbahn.

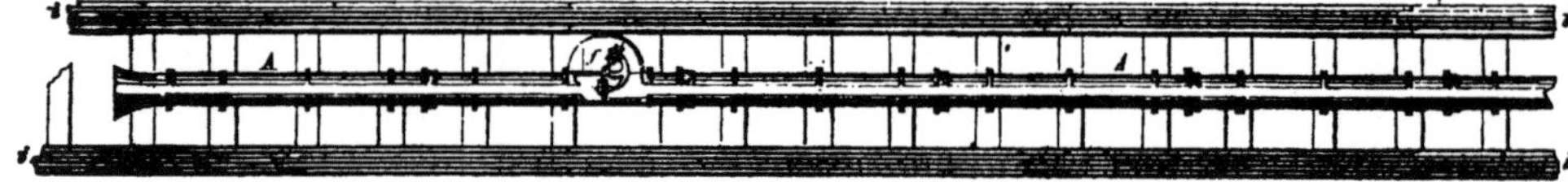

Abb. 18. Obere Ansicht der Bahn und des Treibzylinders.

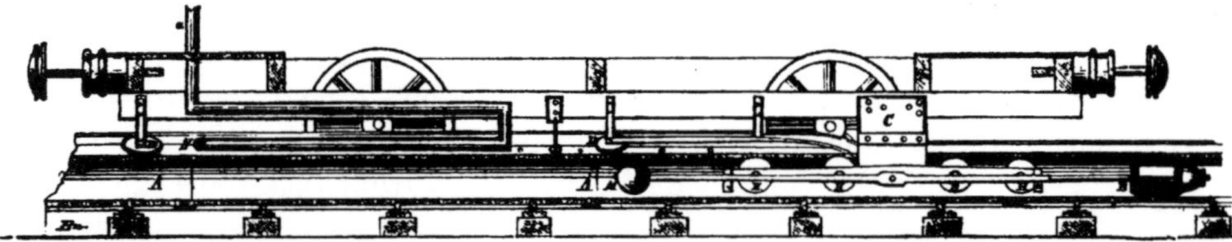

Abb. 19. Längenschnitt des Unterwagens, des Maschinenwagens und des Treibzylinders.

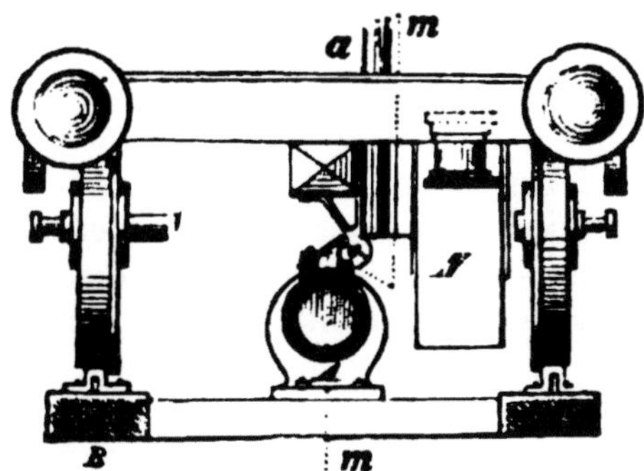

Abb. 20. Durchschnitt der atmosphärischen Eisenbahn.

die aber notwendig die Wand des Zylinders an irgendeiner Stelle durchbrechen muss.

Zu diesem Zweck ist der Zylinder seiner ganzen Länge nach an seinem höchsten Punkt mit einem Einschnitt versehen, welcher erlaubt, dass die Verbindungsplatte den Kolben begleiten kann. Es ist offensichtlich, dass dieser Einschnitt, wenn er stets offen wäre, die Herstellung eines Vakuums vor dem Kolben unmöglich machen würde; man musste denselben also durch irgendeine Vorrichtung so schließen, dass er nur dann und an der Stelle geöffnet wird, welche die Verbindungsplatte eben passiert, sich nachher aber sogleich wieder schließen muss. Die Beseitigung dieser Schwierigkeit war eine von den Hauptaufgaben der Erfinder. Sie brachten zu diesem Zwecke zuerst an der oberen Wand des Zylinders an jeder Seite des Einschnittes eine Reihe Klappen an, welche in Scharnieren gingen und im geschlossenen Zustande eine Art von Dach über dem Einschnitt bildeten, in welcher Lage sie durch Druckfedern so lange gehalten wurden, bis sie, durch eine an der Verbindungsplatte befindliche schiefe Ebene voneinander gedrückt, der atmosphärischen Luft den Eintritt hinter den Kolben gestatteten.

Da durch diese Einrichtung kein vollkommen luftdichter Schluss, mithin auch nur ein sehr mangelhaftes Vakuum vor dem Kolben erreicht wurde, vertauschte man sie mit der sogenannten Seilvorrichtung. Die Klappen fielen hier fort, dagegen aber wurde die Metallstärke am Einschnitt der Röhre in Form einer Rinne halbzylindrisch ausgehöhlt. In diese Art von Kanal wurde ein Seil von demselben Durchmesser gelegt, welches der Druck der äußeren atmosphärischen Luft fest hineinpresste. Die Verbindungsplatte wurde oben gabelförmig gespalten, so dass das Seil durch sie hingehen konnte, und erhielt eine Rolle, welche letzteres an dieser Stelle um so viel hob, dass die atmosphärische Luft, darunter durch, hinter den Kolben eindringen konnte. Da jedoch das Seil, bei seinem nicht unbedeutenden Durchmesser, eine große Steifigkeit besaß und daher beim Heben eine zu große Länge des Einschnittes geöffnet wurde, befestigte man am Unterteile des Maschinenwagens, vor und hinter der Verbindungsplatte, Gabeln mit Rollen, welche von oben auf das Seil drückten und dasselbe also verhinderten, sich auf eine zu weite Distanz zu heben

Allein auch diese Vorrichtung, obgleich viel zweckmäßiger, als die erste, genügte nicht und musste der jetzt ein-

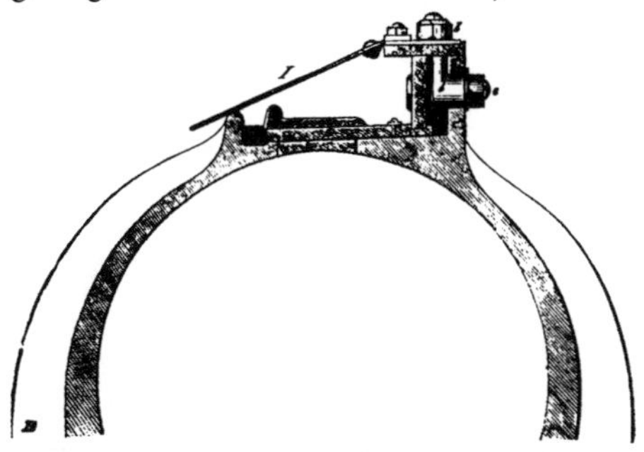

Abb. 21. Querschnitt des Treibzylinders mit der Klappenvorrichtung.

geführten weichen, welche allerdings viel zusammengesetzter ist, aber auch allen Bedingnissen auf das Vollkommenste entspricht. *Abb. 21 u. 22* zeigt dieselbe in großem Maßstabe. Der Treibzylinder hat an seiner oberen Fläche den gewöhnlichen Einschnitt, doch sind an dem Zylinder selbst, seiner ganzen Länge nach, noch zwei Ansätze mit angegossen, der eine für den Klappenapparat, der andere zur Bildung eines kleinen Trogs. Den Einschnitt deckt eine Platte vom dicksten Leder, welche, damit sie nicht von der äußern Luft in den Einschnitt hineingedrückt werden kann, oben mit einer dünnen, aufgenieteten Gusseisenplatte, welche breiter ist als der Einschnitt, bedeckt wird, unten aber eine ebenfalls eiserne Platte trägt, welche den Einschnitt ausfüllt und an ihrer Unterseite nach dem Radius des Treibzylinders ausgerundet ist, so dass der Treibkolben an sie ebenfalls überall genau anschließt. Ein kleines Scharnier erlaubt der Lederklappe eine Bewegung aufwärts. Der kleine Trog wird mit einer Mischung von Wachs und Talg gefüllt, welche, geschmolzen und wieder erkaltet, die Klappe hermetisch verschließt. Um diese ganze Vorrichtung den Einwirkungen der Atmosphäre zu entziehen, sind zusätzliche Klappen angebracht, welche sich in einem Scharnier

drehen und so gehoben werden können, dass die Luft unter ihnen eindringen kann, wenn es nötig wird. Diese Platten sind von dünnem Eisenblech, 150 cm lang und greifen eine über die andere.

Um uns nun das Spiel dieser Vorrichtung deutlich zu machen, betrachten wir die *Abb. 19 u. 21*. Wir nehmen an, der Treibkolben sei im Zylinder, welcher luftleer ist, und werde so weit vorbewegt, dass eine der vier o. g. Rollen die Leder-Klappe trifft. Da diese Rolle mit ihrem obersten Punkte höher liegt, als die Unterkante der Leder-Platte, so hebt sie diese, indem sie die Wachsverkittung aufbricht. Zugleich aber ist auch die, am Unterteil des Maschinenwagens befindliche schräge Rolle *(Abb. 22 re.)* unter die Blech-Klappe gekommen und hat diese gehoben, so dass nun die atmosphärische Luft frei durch den Einschnitt in den Treibzylinder hinter den Treibkolben kommen, und diesen, also auch den mit ihm verbundenen Bahnwagen, vorwärtstreiben kann. Demnächst kommen auch die übrigen drei Rollen mit der Leder-Klappe in Berührung und halten dieselbe, solange als nötig ist, gehoben. Damit jedoch diese Klappe wieder in ihre gehörige Lage kommt und nicht mehr Luft in den Treibzylinder dringt, als notwendig ist, so befindet sich am Unterteil des Maschinenwagens ein kleines Rad, welches auf der Oberschiene der Leder-Klappe wie auf einer kleinen Eisenbahn läuft und dieselbe wieder fest in den Einschnitt einpresst. Zugleich aber streicht dann, unmittelbar über dem Trog eine Röhre hin, welche von einem Ofen aus geheizt wird und die Wachs- und Talgmischung wieder zuschmelzt, so dass,

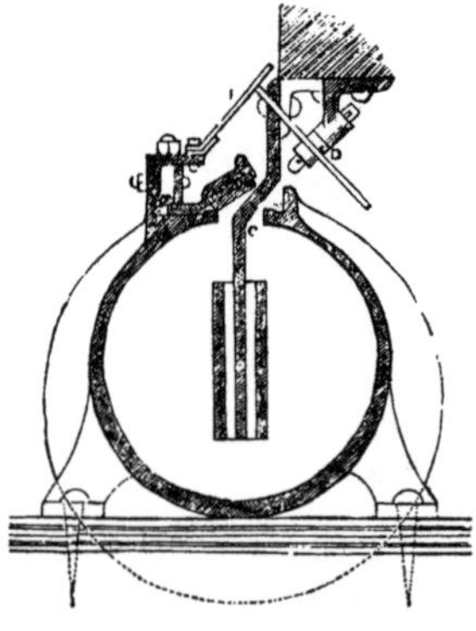

Abb. 22. Durchschnitt des Treibzylinders hinter (links) und vor dem Kolben.

unmittelbar hinter dem Maschinenwagen her, der Einschnitt wieder hermetisch verschlossen ist. Die Blech-Klappen heben sich, da eine über die andere greift in einer sanften Krümmung, und fallen durch ihr eigenes Gewicht nach und nach wieder zu.

Aus dem bis hierher Gesagtem wird nun klar sein, wie es möglich sei, einen Eisenbahnwagen und mittelst dessen einen ganzen Wagenzug auf der Bahn vorwärts zu bewegen, und wir können uns zu einigen Einzelheiten wenden, welche den Betrieb näher angehen.

Die erste Frage ist, wie kommt der Kolben vor der Fahrt in den an beiden Enden luftdicht geschlossenen Treibzylinder? Der luftdichte Schluss des Zylinders wird durch eine Klappe von eigentümlicher Ventil-Konstruktion gebildet, die sich durch den Luftdruck hinter dem Kolben selbst schließt.

Eine zweite Vorrichtung wurde zum Anhalten des Zuges nötig. Als das System zuerst zur Sprache kam, rief ganz England: *»Der Zug kann nicht gehen!«*

Als aber der Zug wirklich im Gange war, rief alles: *»Der Zug kann nicht stehen!«*

Man hielt ein willkürliches Anhalten desselben für unmöglich. Aber auch diese Schwierigkeit haben die Erfinder gehoben. Eine Verringerung der Schnelligkeit und selbst ein vollständiges Anhalten des Zuges bewirken sie nicht allein ganz einfach durch Bremsen an den Rädern des Maschinenwagens und der übrigen einzelnen Wagen, sondern sie haben auch, um jeder Beschädigung vorzubeugen, einen anderen höchst sinnreichen Apparat zu diesem Zwecke erfunden. Bekanntlich zeigt der Stand des Barometers ganz genau den Druck der Luft an. Damit nun der Kondukteur auf dem Maschinenwagen in jedem Au-

genblick über den Zustand der Luftverdünnung vor dem Kolben im Klaren sei, geht eine Röhre durch den Kolben, an der Kolbenstange und der Verbindungsplatte entlang bis zum Kondukteursitz und steht dort mit dem Vakuum eines Barometers in Verbindung, aus dessen Steigen und Fallen man auf die Vollkommenheit des Vakuums vor dem Kolben, also auf die größere oder geringere Schnelligkeit der Fahrt schließen kann. Da diese Schnelligkeit aber mit der Verdünnung der Luft in geradem Verhältnis steht, so hat der Kondukteur auch das Mittel in der Hand, diese Schnelligkeit zu regulieren. Von seinem Sitz aus geht nämlich eine zweite Röhre neben der ersten hin, ebenfalls durch den Kolben, und ist neben dem Kondukteur durch einen Lufthahn geschlossen. Soll nun die Bewegung verzögert werden, so wird der Lufthahn geöffnet, die atmosphärische Luft strömt durch die Röhre vor den Kolben, die Luft wird verdichtet und die Bewegung gehemmt. Mit dem Schließen des Hahns tritt, da die Luftpumpe jeden Augenblick fortarbeiten kann, die Verdünnung durch das Auspumpen wieder ein und einige Kolbenspiele stellen das Vakuum wieder her. Bis jetzt werden die dazu nötigen Signale noch durch Fahnen gegeben, doch ist man bereits mit der Anlage eines elektrischen Telegrafen beschäftigt, welcher die Signale mit Gedankenschnelle zur Station bringen wird.

Wir wenden uns jetzt zu dem Apparat zur Erzeugung des luftleeren Raumes vor dem Kolben. Die ganze Länge des eingeschnittenen Treibzylinders, welcher 38 cm inneren Durchmesser hat, beträgt 2800 laufende Meter. An dem einen Ende derselben mündet zur Seite das Saugerohr ein, welches 370 m lang ist und zu dem Doppelzylinder einer Luftpumpe führt, welche 170 cm inneren Durchmesser und Doppelspiel hat. Diese Luftpumpe wird durch eine Dampfmaschine in Bewegung gesetzt. Letztere ist eine Expansionsmaschine mit Kondensation, ihr Zylinder hat 87 cm Durchmesser und der Kolbenhub beträgt 163 cm. Die Maschine hat keinen Balancier, sondern die Kolbenstange hängt unmittelbar in der Kurbelwelle des Schwungrades und wird durch Gegenlenker in der senkrechten Richtung gehalten. Der Dampf tritt unter einer Belastung von 0,085 atm ein, wird mit ¼ des Kolbenhubes abgesperrt und die Maschine macht 24 Kolbenspiele in der Minute. Sie arbeitet mit 100 PS und erhält ihre Speisung aus drei zylindrischen Kesseln von 130 cm Durchmesser und 10 m Länge. Man hat dieser Maschine den Vorwurf gemacht, dass sie zu groß sei, bedenkt man aber, dass die enorme mittlere Steigung der Bahn von 1:110 die Last im Verhältniss von 4:1 vermehrt, und dass man eine Schnelligkeit von 100 km/h beabsichtigte, so wird dieser Einwurf schwinden. Was die Wirkung der Luftpumpe betrifft, so haben Versuche gezeigt, dass

in einem mit dem Saugerohr in Verbindung stehenden Barometer in Zeit von 8 – 9 Minuten ein Barometerstand von 100 cm erreicht wurde, und dass die dazu nötige Zeit noch viel geringer wurde, wenn mehre Zuge, kurz hintereinander, die Bahn passiert hatten, was wohl darin seinen Grund findet, dass der Treibzylinder sich nicht ganz wieder mit Luft füllt. Das so erzeugte Vakuum ist überraschend groß, da der Druck der Luft vor dem Kolben jetzt kaum ein Sechstel des Druckes hinter demselben erreicht. So wird der Treibkolben bei diesem Barometerstande mit einer Kraft von 10 t vorwärtsgetrieben. Versuche haben aber dargetan, dass man für einen Wagenzug von 38 t Gewicht, nur eines Barometerstandes von 38 cm bedurfte, um die Bahn in vier Minuten zurückzulegen. Bei 63 cm Barometerstand brauchte man drei Minuten, welches eine Schnelligkeit von 56 km/h gibt.

Bei der Herabfahrt sind die Wagen ihrem eignen Gewicht überlassen und dieselbe dauert fünf Minuten. Um der Zentrifugalkraft der Wagen in den Krümmungen der Bahn vorzubeugen, ist dort überall die äußere Schienenreihe etwas höher gelegt, als die innere.

Abb. 23. Obelisk Georgs IV. an der atmosphärischen Eisenbahn, nebst Bahnhof und Gesellschaftshaus zu Kingstown.

Nachdem wir nun einen Überblick über das Gewollte und über das Erreichte gegeben haben, möge es uns auch erlaubt sein, einen Blick in die Zukunft zu versuchen und in Überlegung zu ziehen, welche Erfolge dieser Versuch, diese Probebahn, denn als mehr ist sie, ihrer kleinen Ausdehnung wegen, wohl nicht zu betrachten, uns verbürgen kann.

Das erste Bedenken, welches sich uns hier entgegen drängt, ist die Frage, ob sich das System auch für längere Strecken eigne und wie lang man die einzelnen Halteplätze machen, mit anderen Worten, wie nahe die zur Erzeugung des luftleeren Raumes erforderlichen Dampfmaschinen und Luftpumpen einander gerückt werden müssen.

So wie sich anfänglich, nach dem Gelingen des Versuches in Wormwood-Scrubbs, Zweifel erhoben, ob, trotz dieses Erfolges, ein Vakuum von 2,8 km zu erreichen sein würde, so ist man nun, da auch dies erlangt war, zu dem anderen Extrem übergesprungen und hält nun die Wirkung der Luftpumpe für so groß, dass man, mit den passenden Apparaten, Zylinder von 20 km Länge luftleer machen will. Sieht man, wie auf der Kingstown-Dalkey Bahn in 2½ Minuten der Barometerstand von 0 auf 20 cm getrieben wurde und dann noch schneller stieg, so scheint man allerdings zu solchen Erwartungen berechtigt und sie würden auch erfüllt werden, wenn der Treibzylinder, der Treibkolben und der Klappenapparat mit mathematischer Genauigkeit gearbeitet werden könnten. Dies aber ist nicht der Fall und diese Ungleichheiten bringen einen Luftzufluss in das Vakuum hervor, den wir hier, der Kürze wegen, wiewohl uneigentlich, Leckage nennen wollen. Wäre diese nicht zu überwinden, so müsste die Luftpumpe mit eben

der Kraft und Schnelligkeit auf 20 km wirken als auf 2,8 km, nur dass eine siebenmal längere Zeit, sowohl zum Auspumpen als zur Fahrt, gebraucht würde. Nun aber nimmt die Leckage zu, und zwar in geradem Verhältnis zur Länge des eingeschnittenen Rohres beim Beginn der Auspumpung und es muss ein Teil derselben vor der Abfahrt, der zweite, indem die Luftpumpe fortarbeitet, während der Fahrt überwunden werden. Dies setzt der größeren Länge des Treibzylinders ein bedeutendes Hemmnis entgegen. Ein zweiter Umstand ist aber der, dass dem ersten Zug kein zweiter folgen kann, ehe nicht der erste am Ziele und das Vakuum wieder hergestellt ist. Diese Verzögerung aber würde einen großen Aufwand an Zeit und Brennmaterial herbeiführen. Es dürfte daher in der Praxis kaum eine größere Entfernung der Dampfmaschinen voneinander als etwa 8 km anzunehmen sein. Dann würde die Zeit zur Auspumpung etwa 10 Minuten, die der Fahrt 5 Minuten betragen und es könnten die Wagenzüge einander von Viertel- zu Viertelstunde folgen.

Der zweite Punkt, in unseren und allen Zeiten allerdings ein sehr laut sprechender, ist der Kostenpunkt. Wir wollen eine eingeleisige Bahn zum Grunde legen und den Vergleich zwischen der gewöhnlichen und der atmosphärischen Bahn ziehen. Die Bahn selbst bleibt für einen wie für den anderen Fall in Hinsicht auf Ebnung, Unterlagen, Schienenstühle und Schienen dieselbe. Anders aber ist es mit den Bauwerken, welche bei der atmosphärischen Bahn, obwohl die Wasserstationen fortfallen, jedenfalls bedeutender werden. Da nämlich wegen des Treibzylinders, der auf dem Planum liegt, keine Wegkreuzungen stattfinden können, so wird das Planum selbst immer im Auftrage oder im Abtrage liegen, d. h. alle Kreuzwege müssen über oder unter der Bahn durchgeführt werden, was eine Anzahl von Viadukten, Tunnel, Brücken u. dgl. nötig macht, die bei einer gewöhnlichen Eisenbahn nicht notwendig sind. Außerdem tritt aber auch als eine große Kostenvermehrung der Treibzylinder hinzu.

Dessen Anfertigung zu möglichst genauem Kolbenschluss, die komplizierte Klappenvorrichtung und die Bogenstücke in den Krümmungen erfordern eine große Genauigkeit und höchst wahrscheinlich fortwährende Reparaturen, da so kleine Teile bei stetem Gebrauche sich bald abnutzen und dann ein kleiner Umstand den ganzen Betrieb stören kann. Allerdings wird man uns einwenden, dass hier die kostbaren Dampfwagen gespart werden; diese Ersparung ist aber nur scheinbar. Wir haben oben ermittelt, dass eine Entfernung der Luftpumpen, die mehr als 8 km beträgt, nicht statthaft sei. Denken wir uns nun z. B. eine atmosphärische Eisenbahn von Leipzig nach Dresden, so werden wir für dieselbe 15 stehende Dampfmaschinen, jede von mindestens 150 PS mit allem Apparate und ihrer ganzen Bedienung und außerdem noch 15 Luftpumpen mit 175 cm Zylindern und den Saugeröhren bis zum Treibzylinder brauchen. Alle diese Dampfmaschinen müssen den ganzen Tag hindurch geheizt und in Arbeit gehalten werden, und wir fragen nun: Wie viel teurer wird dies sein als die acht oder zehn Lokomotiven, welche jetzt täglich, aber nur für die Dauer ihrer Fahrten, geheizt werden?

Allerdings kann man durch die atmosphärischen Eisenbahnen höhere Steigungen und bedeutendere Krümmungen überwinden, als bis jetzt gebräuchlich sind, in diesem Falle aber stehen erstere mit den Bahnen mit fixeren Maschinen auf gleicher Stufe und der Erfolg an den rheinischen Eisenbahnen hat gezeigt, dass dabei kein besonders großer Vorteil erreicht werde.

Auch spricht für die atmosphärischen Eisenbahnen ihre vollständige Gefahrlosigkeit, indessen hat sich herausgestellt, dass bei sorgfältig gehandhabtem Dienst die Zahl der Unglücksfälle sich in neuerer Zeit so weit ermäßigt, dass dieselben kaum in dieser Hinsicht in Betracht gezogen werden dürfen.

Dies Alles wohl erwogen, so dürften die atmosphärischen Eisenbahnen keineswegs eine neue Ära im Eisenbahnwesen herbeiführen, wie dies die Enthusiasten erwarten. Sie werden in die Praxis nur dort wirksam eintreten, wo es darauf ankommt, mit großer Schnelligkeit, in unvorteilhaftem Terrain, eine bedeutende Anzahl von Wagenzügen auf kurze Distanzen zu befördern. Sie werden also vorzugsweise zur Verbindung vielbesuchter Orte dienen und außerdem als Hilfsbahnen bei Fabriks- und Bergwerksbetrieben, großen Bauten und dergleichen angewendet werden, wo sie allerdings von großem Nutzen sein und Ersparnisse bewirken können, indem bei solchen Anlagen ohnehin jetzt meistens permanent geheizte Dampfmaschinen bestehen, welchen man, bei einiger Vergrößerung, das Auspumpen des Treibzylinders mit übertragen kann. ❐

Die pneumatische Eisenbahn in Sydenham

Illustrirte Zeitung • 8.10.1864

An einem der letzten Sonnabende war das Terrain des Kristallpalastes zu Sydenham der Schauplatz eines neuen und höchst interessanten Versuchs. Es wurden nämlich in Gegenwart mehrerer berühmter Ingenieure und Männer der Wissenschaft einige Probefahrten auf der kürzlich hier angelegten pneumatischen Eisenbahn mit bestem Erfolg ausgeführt. Zu diesem Behufe ist ein Tunnel aus Backsteinen gebaut worden. Derselbe besitzt eine Höhe von ungefähr 3 m, eine Weite von 2,7 m, hat eine Fahrbahn von Schienen und vermag die größten Waggons, welche auf der Great Western Eisenbahn benutzt werden, aufzunehmen; er ist an jedem Ende mit Toren oder Klappen zum Öffnen oder Verschließen versehen, sowie mit allen erforderlichen Apparaten, um einen Personenzug nach dem pneumatischen Prinzip zu bewegen. Der Tunnel erstreckt sich von der Einfahrt in das Sydenham-Gebiet bis nach den Gründen von Armoury, in der Nähe von Pengegate, das ist eine Entfernung von 550 m.

Diese Versuchslinie ist hauptsächlich angelegt worden, um sowohl die Träger der Wissenschaft als auch das reisende Publikum durch die Tatsache von der Möglichkeit zu überzeugen, dass sich die bewegende Kraft, welche von der pneumatischen Depeschenbeförderungs-Compagnie bereits zur Beförderung von Briefen und Paketen benutzt wird, auch für Personentransporte *(Abb. 14)* anwenden lässt.

Das pneumatische Prinzip zur Bewegung ist sehr einfach. Es ist mit der Wirkung eines Blasrohres verglichen worden. Man wird diesen Vergleich vielleicht roh finden und doch ist er für die populäre Darstellung ganz passend. Man denke sich den Tunnel als das Rohr, den Wagenzug als die Erbse, welche in dem Rohr durch einen kräftigen Luftstrom vorwärts, durch Ansaugung der Luft rückwärts getrieben wird, so hat man das treue Bild der pneumatischen Eisenbahn.

Die Waggons werden in der Tat durch den Tunnel von der einen zur anderen Station hingeblasen und die Rückfahrt geschieht infolge der Ansaugung von Luft. Man darf jedoch nicht glauben, dass die Reisenden mit einem plötzlichen Ruck an ihren Bestimmungsort gelangen, wie dies mit der Erbse in dem gegebenen Gleichnis der Fall ist. Eine solche Unbequemlichkeit wird durch die angebrachten mechanischen Vorrichtungen vollständig verhindert. Die Bewegung ist eine sanfte, leichte und angenehme und auch die Hemmung wird unmerkbar und allmählich ausgeführt. Zu der Fahrt in dem 550 m langen Tunnel wurden sowohl hin als zurück nur ungefähr 50 Sekunden Zeit gebraucht, und zwar mittels Anwendung eines Luftdrucks von nur $10\,\mathrm{g/cm^2}$. Man kann jedoch leicht eine noch größere Schnelligkeit erzielen. Dabei gewährt diese Art der Bewegung den großen Vorzug, dass man nie der Gefahr des Zusammenstoßens zweier Züge ausgesetzt ist, weil die bewegende Kraft auf einmal nur nach einer Richtung hin möglich ist. Der schlimmste Unfall, welcher auf einer solchen Bahn passieren kann, ist, dass infolge einer plötzlichen Beschädigung der Maschinen, der Zug mitten im Tunnel zum Stillstand kommen könnte. In einem solchen Falle müssten dann die Passagiere aus den Wagen steigen und den Ausweg aus dem Tunnel zu erreichen suchen. Ob nun hierbei möglicherweise ein anderer Zug abfahren kann, bevor die Verunglückten den Ausgang aus dem Tunnel erreicht haben oder ob ihnen dasselbe Schicksal bevorsteht, wie Fröschen, welche unter die Glocke einer Luftpumpe gesetzt werden, wagen wir nicht zu entscheiden, glauben jedoch, dass der intelligente Unternehmer im Stande sein wird, gegen das Eintreten einer solchen Gefahr zu garantieren.

Der an jenem Sonnabend benutzte Zug bestand nur aus einem sehr langen, geräumigen und bequemen Wagen, welcher einem verlängerten Omnibus glich und 30 bis 35 Passagiere aufzunehmen vermochte. Die Passagiere können an jedem Ende des Omnibusses ein- und aussteigen und die Eingänge zum Wagen sind durch Schiebetüren von Glas verschließbar. Hinter dem Wagen und an demselben gut befestigt, befindet sich eine Wand von derselben Form und ziemlich der dem Durchschnitt des Tunnels entsprechenden Größe. Der äußere Rand dieser Wand ist mit einem Besatz von Borsten versehen, welche ringsherum eine dicke Bürste bilden. Wenn sich der Wagen in dem Tunnel fortbewegt, so stößt diese Bürste fest an das gewölbte Mauerwerk an und bildet einen genügenden Verschluss, um das Entweichen von Luft zu verhindern. Mittels dieses äußerst sinnreichen elastischen Kragens wird der Wagen einem

Kolben gleich, gegen welchen die Luft ihren Druck auszuüben vermag. Die bewegende Kraft selbst wird auf folgende einfache Weise hervorgebracht: An der Abfahrtstation wird ein großes Windrad (eine Art Ventilator), welches aus einer konkaven Scheibe von 6,7 m Durchmesser besteht, in rotierende Bewegung gesetzt, wozu eine kleine dort aufgestellte Dampfmaschine dient. Man lässt das Rad so schnell rotieren als nötig ist, um eine Pressung der Luft hervorzubringen, welche genügt, den schweren Wagen auf einer Bahn fortzutreiben, die steiler ansteigt als bis jetzt irgendeine der bestehenden Eisenbahnen. Die Scheibe rotiert in einem eisernen Gehäuse, welches dem eines gewaltigen Schaufelrades gleicht und von seiner breiten Peripherie werden die Luftteilchen in heftigen Strömen fortgetrieben. Wenn die Luft hierdurch nach dem oberen Ende des Tunnels getrieben worden, um den abfahrenden Zug zu treiben, so strömen sofort neue Luftmassen nach der Oberfläche der Scheibe, um die entstandene Luftleere zu ersetzen. Wenn dagegen die Windscheibe dazu benutzt wird, um die Luft aus dem Tunnel zu saugen, um dadurch die Rückfahrt des Zuges zu bewirken, so strömt die Luft aus den Öffnungen des Radgehäuses gleich einem künstlichen Orkan; die in der Nähe befindlichen Bäume schwanken wie dünnes Schilf und dem unvorsichtigen Zuschauer, der zu nahe herantritt, wird der Erdboden unter den Füßen weggezogen.

Wenn die Hinfahrt ausgeführt werden soll, so werden die Bremsen von den Rädern abgezogen und der Wagen bewegt sich infolge seiner eigenen Schwere in die Mündung des Tunnels. Hierbei geht er über einen verborgenen, im Boden liegenden, mit einem eisernen Gitter bedeckten Luftkanal. Aus diesem Kanal treibt man dann mittels des Windrades einen kräftigen Luftstrom, während sich zugleich ein, aus zwei eisernen, gleich Schleusentoren eingehängten Flügeln bestehendes Tor fest vor den Eingang des Tunnels legt und diesen abschließt. Die in den Tunnel einströmende Luft presst sich nun zwischen dem Tor und dem den Tunnel verstopfenden Waggon zusammen, übt allmählich einen Druck auf letzteren aus, wobei dieser sanft glei-

einem gegebenen Signal wird eine Klappe geöffnet und das Windrad beginnt, die Luft aus dem Tunnel zu ziehen. In der Nähe des oberen Endes von dem Tunnel ist eine breite Spalte oder ein Seitengewölbe, welches als Abzugskanal für die gepresste Luft dient. Das eiserne Tor an der oberen Endstation wird noch geschlossen gehalten. In einer oder zwei Sekunden eilt der Zug der unteren Station entgegen, indem er angezogen wird von der infolge der Luftaussaugung ent-

Abb. 24. Tunnelportal der pneumatischen Eisenbahn in Sydenham.

tend vorwärts, seinem Bestimmungsorte entgegenrollt. Das rotierende Windrad erhält die bewegende Kraft, bis der Wagen das Ende der Steigung erreicht hat, wo dann wieder seine eigene Schwere genügt zur Zurücklegung des noch übrigen Weges. Die Rückfahrt wird, wie bereits angedeutet, durch Aussaugung der Luft aus dem Tunnel bewirkt. Nach

stehenden Luftleere, die sich vor ihm befindet; zugleich treibt ihn der hinter ihm wirkende Luftdruck von der oberen Station weg. Mit großer Schnelligkeit rollt er auf der fallenden Bahn zurück, nähert sich den eisernen Torflügeln, welche auffliegen und ihn an das Tageslicht gelangen lassen. Auf diese Weise arbeitet dieses neue System. Dasselbe scheint besonders geeignet, zur Herstellung der Kommunikation zwischen kürzeren Strecken, sowie für Linien in großen Städten und da, wo Tunnel mit starker Steigung bestehen. Man darf wohl annehmen, dass die hauptsächlichsten Schwierigkeiten, welche der praktischen Ausführung der pneumatischen oder atmosphärischen Eisenbahnen seit 15 Jahren entgegenstanden, durch die gegenwärtige Verbesserung auf das Glücklichste überwunden sind.

Bei den früheren Systemen hatte das Rohr nur einen sehr geringen Durchmesser und war auf den Erdboden gelegt. Der Kolben des Rohrs war durch eine Stange mit den Wagen verbunden und diese Stange konnte durch eine Klappe, welche an dem oberen Ende des Rohres in der ganzen Länge desselben angebracht war, sich aber sofort hinter der Stange schloss aus dem Rohr ausmünden. Bei dem geringen Durchschnitt des Rohres war ein enormer Luftdruck erforderlich; auch traten sehr oft Störungen ein und ging viel Kraft verloren, so dass das alte System sehr kostspielig war. Es braucht wohl kaum erwähnt zu werden, dass ein großer Übelstand bei der Durchfahrt der gewöhnlichen Züge durch Tunnels, bei der pneumatischen Eisenbahn vollständig wegfällt, nämlich der widerwärtig riechende Rauch der Lokomotivenfeuerung, sowie die verdorbene Luft in den Tunneln. Bei der pneumatischen Eisenbahn führt im Gegenteil jeder Zug frische Luft mit sich und verdrängt die verdorbene Luft.

Seit Eröffnung dieser kleinen Eisenbahn haben viele Besucher des herrlichen Kristallpalastes dieselbe benutzt und eine Fahrt auf der Lufteisenbahn scheint zu den notwendigen Vergnügungen des Tages zu gehören. ❐

Stufen- & Gehbahnen

Abb. 25. Die Stufenbahn auf der Weltausstellung 1900 in Paris.

Stufenbahn (Gehbahn), Vorrichtung zur Bewältigung großen binnenstädtischen Personenverkehrs, bei der das Auf- und Absteigen der Fahrgäste an jedem Punkte der Bahn während der Fahrt erfolgen kann, so dass diese keine Unterbrechung erleidet. Zu diesem Zweck werden zwei, drei oder mehr endlose, in geschlossenem Kreislauf stetig sich bewegende Plattformen unmittelbar nebeneinandergelegt; die erste soll langsam, jede folgende mit vergrößerter Geschwindigkeit umlaufen, so dass das Aufsteigen auf die erste und das Übersteigen auf die folgenden Plattformen nur mit einer jedes Mal geringen Bewegungszunahme erfolgen kann, die durch einige Schritte vorherigen Entlanggehens (bzw. Rückwärtsgehens) bequem und gefahrlos gewonnen werden kann. Die letzte, am schnellsten umlaufende Plattform kann verbreitert und mit Sitzbänken bestellt werden. Jede Plattform kann aus einer geschlossenen Kette von Wagen bestehen und, von der Nachbarkette unabhängig, mit ihrer eignen Geschwindigkeit laufen. Der Höhenunterschied kann durch verschiedene Höhenlage der Gleise auf ein geringes Maß herabgemindert oder auch ganz vermieden werden. Die Wagenkette kann beliebig geführt werden, auch so, dass auf eine längere Strecke die beiden entgegengesetzten Richtungen unmittelbar nebeneinanderliegen und nur an beiden Enden der Strecke kleine Kehrkurven angebracht werden. In solcher Weise war eine Stufenbahn mit zwei Plattformen von 1018 m Länge (davon 294 m in den beiden Endschleifen) 1893 auf der Weltausstellung in Chicago und dann 1896 auf der Berliner Gewerbeausstellung im Betrieb.   ❐

Eine bewegliche Straße für New York

Von Zeit zu Zeit tauchen in der amerikanischen Presse Vorschläge und Pläne auf von einer Kühnheit und Neuheit, dass man auf den ersten Blick sich überrascht zu fragen pflegt, ob man es angesichts eines derartigen Unternehmens mit der ausführbaren Idee eines genialen Mechanikers oder mit dem einfachen Hirn-

Abb. 26. Die für New York projektierte bewegliche Straße oder beständig rollende Plattform.

gespinst eines Träumers oder Fantasten zu tun habe. Zu diesen Projekten gehört auch dasjenige, welches wir auf unserem Bild geben, nämlich der Plan zu einer beweglichen oder rotierenden Straßenbahn, welche man in New York anzulegen beabsichtigt. Als uns diese neue Idee zum ersten Mal in amerikanischen Zeitschriften begegnete, waren wir eher geneigt, es für eine Zeitungsente oder Mystifikation, oder für einen Humbug zu halten; allein das Projekt tauchte in mehreren Zeitungen nacheinander auf und wurde ernsthaft besprochen, und so schien es doch ernstlich gemeint zu sein.

Das Projekt ist Folgendes: Um in großen und gewerbefleißigen Städten wie

New York ein rasches, angenehmes und zeitersparendes Verkehrsmittel zu schaffen, dessen Baukosten unendlich wohlfeiler und dessen Betrieb unendlich sicherer wäre als alle Tunnel und unterirdischen Eisenbahnen, schlägt der amerikanische Ingenieur Alfred Speer in New York die Erbauung einer ganz eigentümlich konstruierten Gürtelbahn vor, welche in einer Höhe von 4,4 m über dem Niveau des Straßenpflasters rotieren soll. Als etwas ganz Neues bewegen sich auf den Schienen dieser Bahn nicht die Wagen allein, sondern die ganze Bahn selbst, welche gleichsam aus einer beweglichen Plattform von gewalztem Eisen, zusammengesetzt aus zu einem endlosen Band aufgereihten eisernen Schildern oder flachen Platten, besteht, auf deren inneren Seite Bänke, Waggons, kleine Pavillons u. dgl. für die Passagiere befestigt sind, während sich am äußeren Rand auf zwei Schienen, deren eine auf der endlosen Bahn selbst, die andere aber auf einem über den Tragsäulen angebrachten feststehenden Geländer ruht, noch kleine achtsitzige Eisenbahnwaggons bewegen, welche das Ein- und Aussteigen der Passagiere unterwegs vermitteln und die der Erfinder deshalb Übertragungswagen, *transfer cars*, nennt.

Man denke sich also in einer langen und breiten Straße einer Stadt, wie z. B. die Bowery in New York usw., zwei Reihen gusseiserner Pfeiler von zierlicher Form, 4,4 m hoch und von gehöriger Dicke und Tragfähigkeit, welche am oberen und am unteren Ende der Straße je in einer weiten Kurve gegeneinander gerückt sind, wie wir es auf dem Vordergrund unseres Bildes sehen. Diese Pfeiler oder Säulen tragen ein leichtes durchbrochenes Gerüst von Schmiedeeisen und sind durch Stangen und Spreizen un-

tereinander fest verbunden, um jedem Schub oder Seitendruck zu widerstehen. Auf diesem offenen Gerüst sind zwei Schienengeleise in gleicher Höhe auf ein und zwei Drittel der ganzen Breite von der Innenseite her angebracht, und eine dritte, etwa 90 cm höher liegende Schiene auf der Außenseite. Die leichte durchbrochene Plattform ist überdies zu beiden Seiten, nach innen wie nach außen, mit einem festen eisernen Geländer versehen, um jedem Unfall vorzubeugen. Zwischen und unter den beiden unteren Schienen liegen Friktions- und Zahnräder, welche die Bewegung der über den Schienen laufenden endlosen Plattform vermitteln und regeln. Die bewegende Kraft sind verschiedene feststehende Dampfmaschinen, welche jede mittelst einer Transmission die Bewegung an die Zahnräder einer bestimmten Menge von Pfeilern abgibt. Alle diese Dampfmaschinen stehen mittelst einer Telegrafenleitung untereinander in Verbindung, so dass ihre Tätigkeit jeden Augenblick vom rotierenden Zug aus gehemmt oder geregelt werden kann. Das gleichsam endlose Band der Plattform oder beweglichen Bahn, das man einem Transmissionsriemen vergleichen könnte, ist ungefähr 6,4 m breit und in Glieder oder Schuppen von bestimmter Länge eingeteilt (wie auf unserem Bild an den angedeuteten Kurven zu sehen). Diese Glieder sind durch Zapfen kettenartig miteinander verbunden und tragen umschichtig verschiedene festgemachte Waggons von 2,4 m Breite und 7 – 12 m Länge auf der inneren Kante, die einen offen für gute Witterung, die anderen bedeckt gegen Sturm und Regen, abwechselnd mit Bänken, mit Buffets u. dgl. In der Mitte ist ein freier Raum von etwa 2 m Breite, auf welchem die Passagiere spazieren gehen und sich während der Fahrt die Umgebung oder das Treiben auf der Straße unter sich betrachten können, wo Fuhrwerke, Reiter und Fußgänger ungestört verkehren und von der über ihnen rotierenden Eisenbahn in keiner Weise gestört oder gar gefährdet werden, wie es z. B. durch Pferde-Eisenbahnen oder Lokomotiven der Fall sein würde. Die endlose Bahn rotiert mit einer Geschwindigkeit von 7 – 11 km/h. Wer dazu noch seine eigene Geschwindigkeit als Fußgänger nimmt und auf dem freien Raum der rotierenden Plattform vorwärtsschreitet, der kann noch schneller von der Stelle kommen.

An der Außenseite der Plattform sind von Zeit zu Zeit bequeme Treppen angebracht, auf denen die Passagiere behufs des Aus- und Einsteigens verkehren. Dieses geschieht ohne alle Gefahr, und ohne dass der Zug anhält, mittelst der sogenannten Übertragungswagen in folgender Weise *(vgl. zudem noch die Vorgänge an den beiden vorderen Treppen auf Abb. 26)*: die Übertragungswagen, achtsitzig, 1,4 m breit, laufen auf zwei Schienen, deren äußere auf dem offenen Gerüst der Pfeiler, deren innere auf der endlosen Bahn angebracht ist, aber im gleichen Niveau mit letzterer, und sind der geistvollste und scharfsinnigste Teil der ganzen Erfindung. Wenn jemand aussteigen will, so stellt der Schaffner des kleinen Waggons seine Bremse und augenblicklich hören die auf der Schiene der endlosen Bahn laufenden Räder auf sich zu drehen, der Übertragungswagen wird durch die Reibung an den Zug angedrückt, läuft also nur noch auf der feststehenden Schiene und bewegt sich mit dem Zug; der Passagier steigt ein oder aus, nachdem ein weiterer Ruck der Bremse den Wagen bei einer Haltestation auch an die feststehende Außenschiene angedrückt hat, und gelangt nun nach Belieben auf die endlose Bahn, worauf die Bremsung aufgehoben wird und der Wagen wieder mit der ganzen rotierenden Bahn fortläuft. Der Plan ist kühn, aber angesehene amerikanische Ingenieure haben sich in Gutachten dahin ausgesprochen, dass er ausführbar und jedenfalls ungefährlicher und wohlfeiler zu erbauen sei, als alle bisher vorgeschlagenen unterirdischen Tunnel- oder oberirdischen Viadukt-Bahnen, und dass er den übrigen Straßenverkehr einer Stadt durchaus nicht hemme.　　• *O. M.*

Handhabung des Passagierverkehrs an überfüllten Bahnhöfen

THE RAILROAD GAZETTE　　30.9.1887

Die beigefügte Skizze *(Abb. 27)* und Beschreibung einer einzigartigen Vorrichtung zum Aus- und Einstieg in Personenwagen an Bahnhöfen wurde uns von ihrem Erfinder G. W. Pearsons aus Kansas City zugesandt. Er schreibt, dass es das Ergebnis seiner persönlichen Studie der Brooklyn Bridge Terminals während der abendlichen Rush Hour war, und kann am besten durch die Feststellung der Besonderheiten und Fähigkeiten dieser Konstruktion veranschaulicht werden. Die Kapazität ist außergewöhnlich hoch.

Das System ist für den Einsatz in Verbindung mit einer Schleife in den Gleisen an jedem Endpunkt der Brücke vorgesehen. Sie besteht aus einer Drehscheibe, die aus ringförmigen Bahnsteigen besteht, die eine gemeinsame Bodenebene haben und sich unterschiedlich bewegen.

In der Mitte der Rotunde, die von der Drehscheibe eingenommen wird, befinden sich die Treppen zum darunter liegenden Stockwerk. Diese sind natürlich feststehend.

Die Bewegung der ringförmigen Bahnsteige wird durch die Pfeile dargestellt. Die Geschwindigkeit der Züge auf der Brücke wird mit vielleicht 16 km/h angenommen. Bei Annäherung an die Drehscheibe steigt das Gefälle an, so dass die Züge auf 6–8 km/h verlangsamt werden. Die Drehscheibe wird von einer separaten Maschine angetrieben, um die ungleiche Bewegung des Hauptkabels zu vermeiden, und hält die Wagen fest, wenn sie neben die Scheibe kommen, entweder durch eine separate Kabelverbindung oder durch eine andere Vorrichtung, die am besten geeignet ist, um den Wagen zu ermöglichen, an der Außenkante der Drehscheibe zu fahren, die eine solche Geschwindigkeit hat, dass die Zeit zum Aus- und Einsteigen ausreicht. Dies geschieht am schnellsten durch seitlichen Einstieg, wobei die unteren Seitenwände des Wagens auf die Drehscheibe klappen und eine Einstiegsplattform bildet. Die Möglichkeiten der Ringe, Bewegungen zu reduzieren oder zu beschleunigen, sind viel größer, als man allgemein annimmt. Bei einer Abweichung von etwa 5 cm/s an den benachbarten Rändern der Ringe kann die Bewegung des äußeren Rings, der bei der Fahrt mit den Wagen eine Umdrehung in, sagen wir, drei Minuten macht, an dem Ring neben den Treppen auf etwa eine Umdrehung in 24 Stunden reduziert werden. Die angrenzenden Ränder werden mit einem leichten Schild

abgedeckt, das in den Boden eingelassen ist, um zu verhindern, dass Stöcke usw. in dem Zwischenraum steckenbleiben. Eine der ersten Fragen, die es zu klären gilt, ist, welcher Geschwindigkeitsunterschied zugelassen werden kann, denn es kann eine beliebige Anzahl von Ringen verwendet werden, und die Schrittweite kann so klein wie gewünscht gemacht werden. In der skizzierten Form beträgt er etwa 5 cm/s und scheint klein genug zu sein, um die Anforderungen ›älterer Menschen beiderlei Geschlechts‹ zu erfüllen.

Wenn der Zug die Drehscheibe verlässt, führt die gleiche Steigung, die für die Abbremsung gesorgt hat, zu einer Beschleunigung, um die Bewegung des Zuges wieder an die des Hauptkabels anzugleichen, so dass keine Erschütterungen und theoretisch auch keine Zusammenstöße auftreten können, da jeder Zug, wenn er sich in der gleichen Position befindet, die gleiche Geschwindigkeit hat und es zu keinen Unterbrechungen kommt. Der Patentinhaber geht davon aus, dass die Vorrichtung die Kapazität der Brücke auf 1000 Fahrgäste pro Minute erhöhen kann.

So weit die Erklärungen von Pearsons zu seiner Vorrichtung und seinen Ansprüchen an sie. Die Einwände, die sofort auftauchen werden, sind der Platzbedarf, die mechanische Schwierigkeit, die unterschiedlichen Bewegungen der zahlreichen Ringe aufrechtzuerhalten, die praktischen Einwände gegen ge-

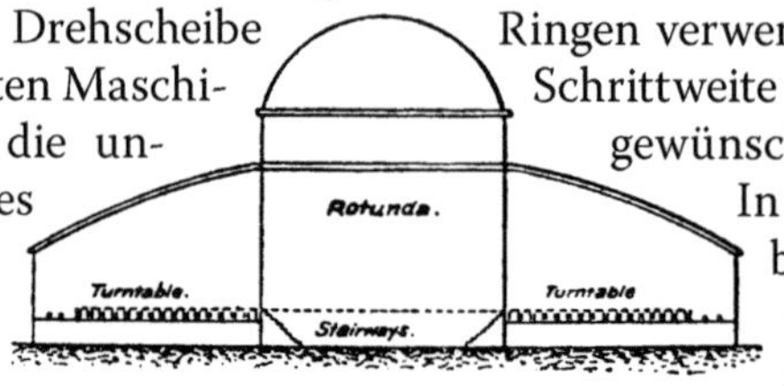

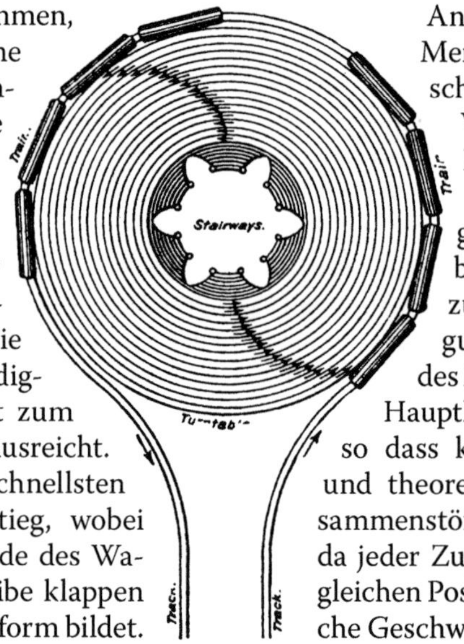

Abb. 27. Drehende Bahnsteige.

Abb. 28. Ansicht eines Treffpunktes von Rettigs Stufenbahn bei unterirdischer Ausführung.

krümmte Plattformen und die theoretischen, wenn auch nicht tatsächlichen Einwände gegen bewegliche Böden für den Durchgang von wühlenden und wechselnden Menschenmengen. Nichtsdestotrotz ist die Idee eine Überlegung wert. ❐

Über endlose Eisenbahnen

ZENTRALBLATT DER BAUVERWALTUNG   27.4.1889

Unter dem Titel ›*Die Stufenbahn: Neues Verkehrsmittel zur Bewältigung des Personen-Massen-Verkehrs in Großstädten. Patent-Inhaber: Wilhelm Rettig und Heinrich Rettig. 1889*‹ ist eine Schrift erschienen, welche zur Erreichung des im Titel angegebenen Zwecks folgende Vorschläge macht.

Im Inneren der Großstädte soll eine Anzahl endloser Bahnen, die also entweder um einen Häuserblock herumlaufen *(Abb. 28 u. 29)* oder innerhalb einer Straße in sich selbst zurückkehren, auf Hochgerüsten oder unter dem Boden in Tunneln gebaut werden. Diese Bahnen sollen womöglich nicht durch einzelne Züge, sondern durch einen immerwäh-

rend laufenden endlosen Zug betrieben werden, der etwa eine Geschwindigkeit von 4,5 m in der Sekunde besitzt. Um nun auf diesen Zug aufsteigen und von demselben wieder absteigen zu können, sollen parallel mit dem eigentlichen Gleis zwei weitere Gleise verlegt werden, auf denen ebenfalls endlose Züge von Wagen, welche zusammen eine einzige Plattform bilden, immerwährend

Abb. 29. Rettigs Stufenbahn. Treffpunkt von vier Ringbahnen.

laufen. Die Geschwindigkeit der neben dem eigentlichen Zug laufenden Plattform soll 3 m und die der letzten Plattform 1,5 m in der Sekunde betragen.

Wenn man also neben der letzten Plattform in der Richtung ihrer Bewegung geht, so bedarf es nur eines etwas seitlichen Trittes, um auf die Plattform, welche ungefähr die Geschwindigkeit eines Fußgängers hat, zu kommen. Geht man jetzt auf der Plattform selbst weiter, so bedarf es wieder nur eines Seitentrittes, um auf die zweite Plattform zu kommen; denn die Eigenbewegung und die Bewegung der Plattform, auf der man geht, addieren sich. Ebenso kommt man auf die dritte Plattform, d. h. auf den Zug selbst. Die Plattformen sollen durch endlose Drahtseile, welche in Gabeln unter den Wagen ruhen, getrieben werden *(Abb. 30)*. Die einzelnen Wagen erhalten eine Länge von etwa 2½ m; die Spurweite soll 60 – 70 cm betragen.

Der hier niedergelegte Gedanke ist in etwas abweichender Form und Anwendung bereits in Amerika aufgetaucht. Nach dem Vorschlag von Pearsons sollen nämlich die New Yorker Hochbah-

nen, die an der Grenze ihrer Leistungsfähigkeit angekommen sind, dadurch zu weiterer Aufnahme von Massenverkehr befähigt werden, dass sie nie anhalten, sondern an den Haltestellen nur ihre Geschwindigkeit mäßigen *(s. S. 43)*. An den Haltestellen soll nun um eine kreisförmige Treppenanlage herum eine Reihe von Drehscheibenringen angeordnet werden, von denen jeder äußere um einige Zoll in der Sekunde schneller läuft als der nächst innere.

Lässt man die Frage, ob es möglich, bzw. wirtschaftlich denkbar ist, Bahnen mit endlosen, nebeneinander laufenden Plattformen oder mit Ringen gleichen Mittelpunktes in der gedachten Weise zu betreiben, zunächst offen, so dürfte doch eine Bahn mit einer einzigen Fahrplatte, einer endlosen Plattform, wie sie für die Pariser Weltausstellung entworfen war, einmal des Versuches der Ausführung wert sein.

In einer von vielen Zeichnungen begleiteten Abhandlung von Hénard im *GÉNIE CIVIL* wird diesem Entwurf die ganz richtige allgemeine Begründung vorangeschickt, dass es Zeit sei, »*nachdem man sich so viel mit den Augen des Publikums beschäftigt habe, indem man für seine Unterhaltung oder Belehrung die seltensten und ansprechendsten Dinge zusammengetragen habe, sich auch ein wenig mit seinen Beinen zu beschäftigen und ihm die Ermüdung zu ersparen, welche die unausbleibliche Folge der großen Wege sei*«, die man in einer Weltausstellung zurücklegen müsse. Nach einer Erörterung der verschiedenen Fahrgelegenheiten, deren man sich in einer Ausstellung bedienen könnte, kommt Hénard zu dem Schluss, dass

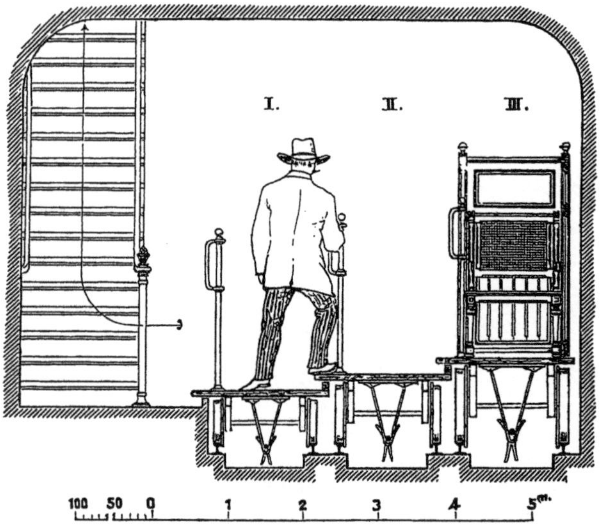

Abb. 30. Querschnitt von Rettigs Stufenbahn bei unterirdischer Ausführung.

die beste Einrichtung für diesen Zweck eine endlose, aus gewöhnlichen offenen Eisenbahn-Güterwagen gebildete, in einer Grube laufende Plattform *(Abb. 31)* wäre, die mit einer Geschwindigkeit von 14 m in der Sekunde vorrückte. Bei dieser Geschwindigkeit könnte die Plattform sehr leicht bestiegen, verlassen oder überschritten werden.

Sehr sinnreich ist die Art, wie der elektrische Betrieb dieser Bahn gedacht war. Da die Plattform bei ihrer großen Länge (320 Wagen = 2080 m) in ihren verschiedenen Teilen jedenfalls sehr verschieden belastet sein wird, so sind die Lokomotiven gleichmäßig über den ganzen Zug verteilt, so dass jeder zehnte

unter dem ganzen Zug hinführende, seitlich gelagerte und mit dem Zug laufende Leitung c, tritt aus dieser Leitung in die verschiedenen, auf den Wagen befindlichen Dynamomaschinen (Lokomotiven) d, gibt hier seine Kraft ab und kehrt durch die zweite mit dem Zug laufende Leitung c_1, die Taster b_1, und die Metallplatten a_1, zum Maschinenhaus zurück. Obwohl nun die Kraftleitungen c und c_1 endlos sind und mit dem Zug laufen, so bleiben die Stromkreise jeder festen Maschinenanlage doch auf ihren bestimmten Bezirk gebannt, also fest. Dies wird dadurch erreicht, dass über jedem Taster b oder b_1 ein Umschalter (in der Zeichnung durch –/+ angegeben)

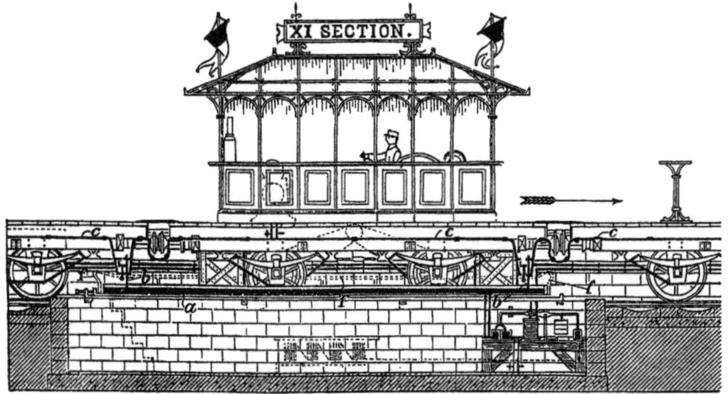

Abb. 31. Elektrische Lokomotive mit der Zuleitung und Umschaltung des Stroms für die endlose Bahn nach Hénards Entwurf.

Wagen eine elektrische Kraftmaschine trägt *(Abb. 32)*. Diese Maschinen erhalten ihre Kraft abwechselnd von acht Gruppen von Dynamomaschinen, die in festen Gebäuden seitlich der Bahn aufgestellt sind. Es bilden sich also für den Betrieb acht Stromkreise, deren Stärke durch Ankupplung von mehr oder weniger Dynamomaschinen jeden Augenblick zu regeln ist; und zwar geht der Strom von jeder Gruppe von festen Dynamomaschinen zu einer neben dem Gleis liegenden, etwa 8 m langen Metallplatte a (oder einem Quecksilberbad) *(Abb. 31)*, von hier durch Taster b in die

angeordnet ist, welcher neben jeder Metallplatte a bzw. a_1 selbsttätig durch eine Kurvenführung f so gesteuert wird, dass in dem Augenblick, in welchem die Bürste des Tasters die Metallplatte a berührt, der rückwärtige Teil der Kraftleitung ausgeschaltet wird. Da nun unter jedem Wagen sich ein Taster mit Umschalter befindet, und die Platten a etwas länger als ein Wagen sind, so bleibt der Stromkreis, obwohl der Zug mit der Leitung läuft, durch fortwährende Ausschaltung und Einschaltung von Wagen an seinen Ort gebannt. Die in großer Anzahl neben der Bahn aufgestellten Wärter sind unter sich und mit der Hauptstelle für Überwachung des Betriebs noch durch eine feste Leitung verbunden, welche jeder Wärter unterbrechen kann, worauf sofort die Stromzuführung von allen Dynamomaschinen zum Zuge aufhört. Außerdem sind Sprechleitungen zur Verbindung der Wärterposten und der Maschinenhäuser mit der Hauptstelle angeordnet. ❏

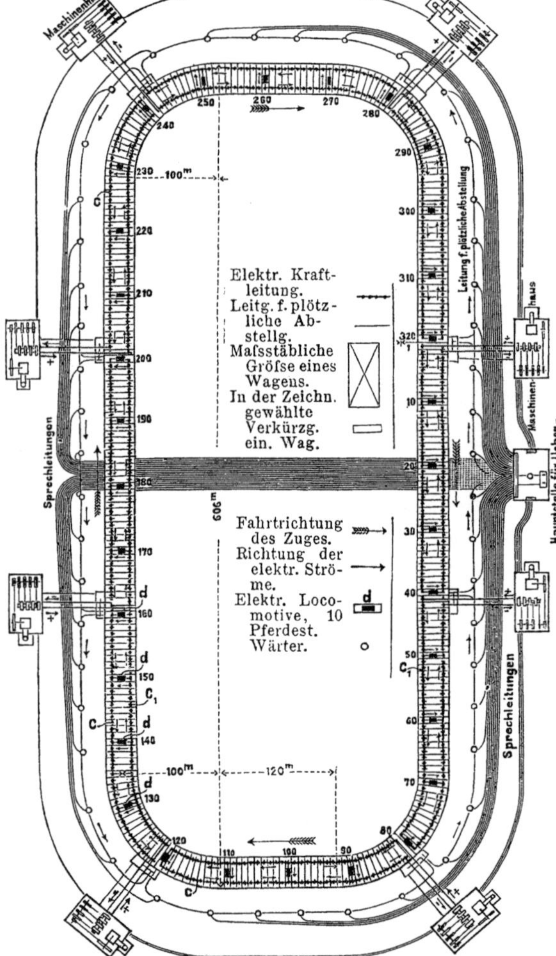

Abb. 32. Übersichtsplan einer endlosen Eisenbahn nach Hénard.

Die Stufenbahn der Gebrüder Rettig

Österreichischer Ingenieur- und Architekten-Verein   *17.4.1891*

In Deutschland ist unter dem Namen ›Stufenbahn‹ ein neues, von den Gebrüdern Wilhelm und Heinrich Rettig erfundenes Projekt einer Stadtbahnanlage aufgetaucht, welches auf einer originellen Idee basiert und wegen der zu erzielenden Resultate beim Personen-Massenverkehr in Großstädten unser Interesse herausfordert. Die Stufenbahn besteht aus drei oder mehr nebeneinander laufenden Fahrbahnen, deren erste die Geschwindigkeit eines gewöhnlichen Fußgängers (d. i. 1,50 m/s) besitzt und um 10 cm höher liegt als, das Trottoir, von dem aus sie während der Bewegung von den Fahrgästen zu ersteigen ist. Die zweite Fahrbahn überhöht die erste abermals um 10 cm und hat eine Geschwindigkeit von 3,00 m/s, also für eine auf der tiefer liegenden Stufe stehende Person wieder die relative Geschwindigkeit eines gewöhnlichen Fußgängers und kann daher von ihr ebenso leicht erstiegen werden wie die erste Stufe vom Boden aus. Die dritte Fahrbahn endlich, auf der sich bequeme Sitze für die Fahrgäste befinden, hat eine Geschwindigkeit von 4,50 m/s und ist wieder um 10 cm höher als die vorhergehende. Auf dieser halten sich die Fahrgäste so lange auf, bis sie am Ziele angelangt sind oder auf eine andere Linie umsteigen müssen.

Die Reisenden bewegen sich daher während der ganzen Fahrt mit einer Geschwindigkeit von 4,50 m/s und verlieren wenig Zeit mit dem Warten auf den Zug und mit dem Anhalten in den einzelnen Stationen, sondern haben die

Fahrgelegenheit jederzeit zur Verfügung und brauchen bloß zu dem nächsten Punkte der Bahnlinie zu gehen, und dort aufzusteigen, desgleichen auch auf jenem Punkt der Bahnlinie abzusteigen, welcher dem Reiseziel am nächsten liegt. Die Folge davon ist, dass man an Zeit erheblich erspart, und zwar für Fahrten von 1 – 10 km durchschnittlich, im Verhältnis

a) zur Eisenbahn: . . . . 25,6 %
b) zur Droschke: . . . . 29,4 %
c) zur Pferdebahn: . . . . . . 42,8 %
d) zum Fußgänger:. . . . . . 58,0 %

Erst bei Entfernungen über 10 km kommt die größere Fahrgeschwindigkeit der Eisenbahnen zur Geltung.

Für sehr frequente Strecken im Weichbild einer Großstadt kann noch eine vierte Fahrbahn angeschlossen werden, die sich mit einer Geschwindigkeit von 6,00 m/s bewegt, in welchem Fall die Stufenbahn alle bisher bekannten Systeme von Stadtbahnanlagen, was die Schnelligkeit und Bequemlichkeit der Beförderung betrifft, weit überflügelt.

Auch sonst ist die Leistungsfähigkeit der Stufenbahn eine sehr erhebliche. Mit derselben können bei der normalen Anordnung von drei Fahrbahnen (die Erfinder nennen dies ›Zwei-Stufenbahn‹) 12 000 Personen in der Stunde befördert werden. Eine ähnliche Leistung seitens der Eisenbahn würde das Ablassen von 30 Zügen mit je 8 Waggons in der Stunde erfordern, und entspricht einem Verkehr, wie er beispielsweise auf der Strecke Farringdon Street-Station und Mooregate-Station der Hauptbahn der London Railway Co. vorkommt, woselbst täglich 586 Züge auf vier Gleisen befördert werden. Hierbei nimmt die Stufenbahn einen ganz kleinen Raum ein, da die eng aneinander anschließenden Fahrbahnen nur etwa 0,80 m breit zu sein brauchen.

Was das technische Detail anbelangt, so ist die Anlage als Hoch- oder Tiefbahn, in ganz geschlossenem Raum gedacht.

Die einzelnen Fahrbahnen bilden geschlossene Ringe, welche von stabilen Maschinen mit Kabeln bewegt werden. Die Fahrbahnen bestehen aus ununterbrochen zusammenhängenden Reihen von 2,20 m langen Wagen, mit Spurweiten von 60 – 70 cm, und vertragen sehr starke Krümmungen. Jeder Wagen besitzt ein Geländer, nahe an der Kante des Aufstiegs, und einen freien Zwischenraum zum Aufsteigen der Personen. In entsprechenden Entfernungen (alle 50 m) führen Stiegen auf das Planum des Bahnkörpers.

Die erforderliche Betriebskraft ist bei leergehender Bahn wesentlich höher als bei einer Stadteisenbahn. Das Verhältnis stellt sich jedoch schon bei mäßiger Besetzung für die Stufenbahn günstiger. Bei voller Besetzung eines Rings beträgt die Betriebskraft nach den Berechnungen der Erfinder nicht einmal ein Viertel derjenigen, welche für den gleichen Verkehr beim Eisenbahnbetrieb erforderlich ist.

Hat man sich einmal mit dem Gedanken vertraut gemacht, dass das Aufsteigen auf die Stufenbahn sehr leicht ist, so findet man bei näherer Betrachtung, dass dieses System gegenüber allen bisher in Städten zur Anwendung gekommenen Verkehrsmitteln, bedeutende Vorzüge besitzt, wozu in erster Linie die mit großer Schnelligkeit verbundene Bequemlichkeit bei der Beförderung, dann auch die aus der verhältnismäßig billigen Anlage sich ergebende Billigkeit der Fahrt zu zählen ist. Es ist daher gewiss auch von Interesse zu erfahren, dass die in Deutschland angestellten ersten praktischen Versuche vollkommen zufriedenstellend ausgefallen sind. Das Auf- und Absteigen ist auf einer ca. 160 m langen Versuchsstrecke in Münster i. W. probiert worden und ist der Beweis geliefert, dass Alt und Jung, ohne Gefahr diese neue Bahn benützen können. • *Julius Mandl*

Die Stufenbahn mit verschiedener Geschwindigkeit

*Österreichischer Ingenieur-
und Architekten-Verein* 1.7.1892

Die Idee zu diesem neuen Transportmittel, kurzweg auch Gehbahn genannt, rührt vom Ingenieur Max E. Schmidt her. Das zugrundeliegende Prinzip ist schon in der *Wochenschrift* 1891 geschildert worden *(s. S. 48)*. Das uns vorliegende, für die praktische Ausführung ausgearbeitete Projekt ist in den Vereinigten Staaten durch ein Patent geschützt; eine eingehende Beschreibung

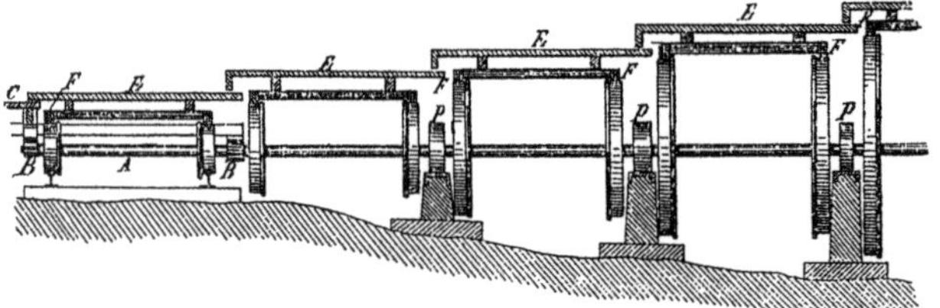

Abb. 33. Allgemeine prinzipielle Anordnung.

desselben ist in einer englischen Flugschrift enthalten, aus welcher Folgendes hervorgehoben sei.

Es handelt sich um eine Bahn ohne Ende, die aus mehreren unabhängigen einzelnen Streifen besteht; zunächst aus einem festen Perron, dann einer Bahn mit 4 – 5 km/h, hierauf einer Bahn mit doppelt so großer Geschwindigkeit, dann einer mit dreifacher usw., endlich dem eigentlichen ›Zug‹, einer mit Bänken ausgestatteten Bahn. *Abb. 33* veranschaulicht dies Prinzip. Die Geschwindigkeit der ersten Bahn, sowie der Unterschied zu jeder weiteren, entspricht der Geschwindigkeit eines Fußgängers, das ist 90 – 112 Schritte in der Minute (4 – 5 km/h). Doch sollen in der unten erwähnten Versuchsbahn selbst bei einer Geschwindigkeit von 14,5 km/h annehmbare Resultate erzielt worden sein. Wenn man zum Vergleich eine Kabelbahn betrachtet, die sich mit einer Geschwindigkeit von 15 km/h bewegt, so ist zu beachten, dass diese Geschwindigkeit durch häufiges Bremsen, Verlangsamen und Anhalten auf ca. 10 km/h im Durchschnitt herabsinkt, also dem der zweiten Bahn des Projektes entsprechen würde; bei einer Stadtbahn beträgt die Durchschnittsgeschwindigkeit 20 km/h, entspricht also der vierten Bahn. Je dichter der Verkehr, insbesondere bei kurzen Strecken, wird, umso störender und häufiger werden die Aufenthalte, umso vorteilhafter fällt also der Vergleich zwischen den verschiedenen Transportarten zu Gunsten der neu vorgeschlagenen aus, besonders bezüglich der Kapazität und in Bezug auf die Betriebsauslagen, also auf die Billigkeit des Motors und der Überwachung. Das neue Verkehrsmittel ist natürlich nur als Hoch- oder Tiefbahn denkbar.

Um alle Bedenken zu zerstreuen und die praktische Verwendbarkeit des Systems für eine innerhalb der Ausstellung ins Werk gesetzte Verbindung zu erproben, haben die Direktoren der Chicagoer Weltausstellung im Jaksonpark eine Probebahn von 270 m Länge mit Kurven von 22,5 m Radius errichten lassen. Diese Probebahn wurde von über 10 000 Passanten jeden Alters und Geschlechtes besucht, und soll zufriedenstellende Resultate ergeben haben. Die Errichtung einer solchen Ausstellungsbahn in Chicago erscheint gesichert.

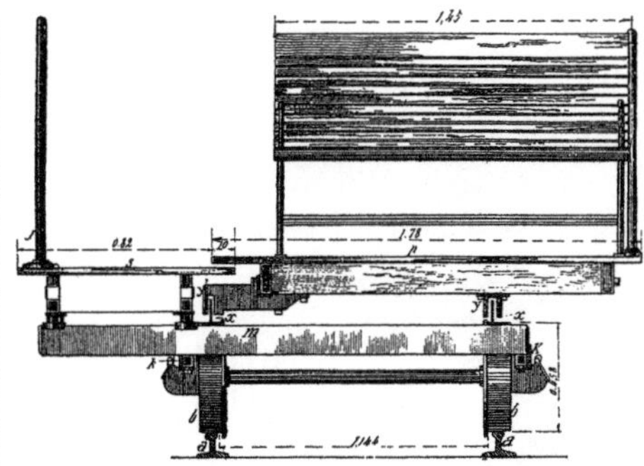

Abb. 34. Querschnitt der Probebahn.

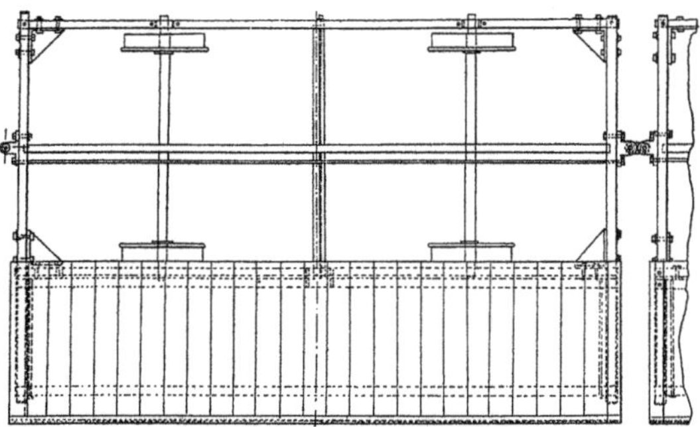

Abb. 35. Grundriss eines Wagens der Probebahn.

Der Zug auf obiger Probebahn bestand aus 75 Wagen von 3,6 m Länge und 1,725 m Spurweite. Es waren nur zwei Bahnen angeordnet, die wir der Kürze halber als die ›langsame‹ und ›schnelle‹ bezeichnen wollen. Die Gesamtanordnung ist aus *Abb. 38* ersichtlich. Die Wagen *(Abb. 34 u. 35)* tragen direkt nur die ›langsame‹ Bahn, während die ›schnelle‹ *(Abb. 36)* sich auf biegsamen Schienen auf die Räder stützt, und so nach einfachen mechanischen Prinzipien die doppelte Geschwindigkeit erhält. Sie trägt

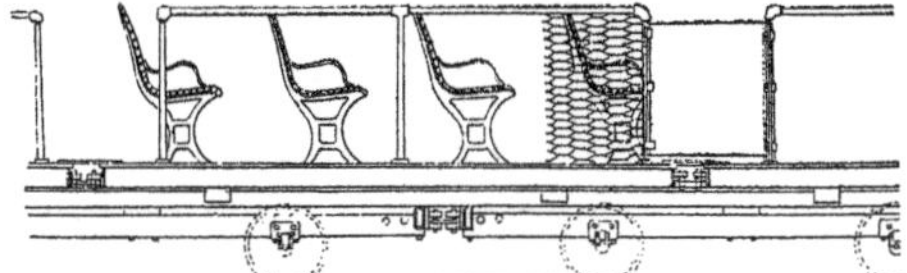

Abb. 36. Ansicht der ›schnellen‹ Bahn.

dreisitzige Bänke in Abständen von 0,9 m. Legt nun diese Bank 10 km/h zurück, so können von der Ausgangsstelle 33 000 Passagiere per Stunde befördert werden, eine sonst geradezu unmögliche Zahl. Ein passendes Vergleichsobjekt ist die Lokomotivbahn über die Brooklyn Bridge in New York, da die Bahn dort ähnlichen Anforderungen genügen muss. Es würde dies ca. 330 mit je 100 Personen überfüllten Wagen und 80 Zügen in der gleichen Zeit entsprechen. Es ist das gerade das Doppelte von dem,

was jetzt geleistet wird, obwohl eingestandenermaßen obige Ziffer nahezu erreichbar wäre. Wollte man aber jedem Passagier, wie bei der Stufen-Bahn, einen Platz sichern, also die Kapazität der Wagen auf 42 Personen beschränken, so stünde man einer Unmöglichkeit gegenüber. Die biegsamen Schienen sind in ihrer jetzigen Form ein wunder Punkt der Konstruktion.

Das Gewicht eines Zuges ist auffallend klein, 352 kg per laufenden Meter, hinzu kommt noch 228 kg Menschenbelastung, im Ganzen 580 kg. Unter Zugrundelegung der bei Pferdebahnen üblichen Adhäsion gelangt man zu dem Resultate, dass zur Bewegung der ganzen Probebahn mit einer Geschwindigkeit von 4,8 km/h bzw. 9,6 km/h ein Ausmaß von 22 PS genügt. Bei voller Ausnüt-

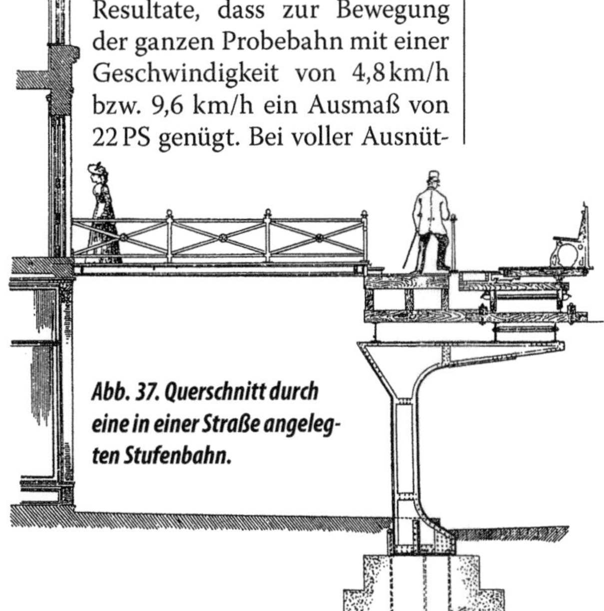

Abb. 37. Querschnitt durch eine in einer Straße angelegten Stufenbahn.

Abb. 38. Ansicht der ausgeführten Probestrecke.

zung der Bahn kommen 0,025 PS auf den Passagier, während nach einer, allem Anschein nach richtigen Berechnung der Erfinder bei der Kabelbahn wegen der ungleich größeren toten Last 0,15 PS unter gleichen Verhältnissen auf den Passagier kommen. Freilich kann unter gleichen Verhältnissen die Ausnützung der Gehbahn nie dieselbe sein. Es ist dies ein Faktor, der sich zahlengemäß so lange nicht ausdrücken lässt, als keine tatsächlichen Betriebsresultate vorliegen.

Die Kraft lieferte in unserem Fall ein elektrischer Strom, der von drei Paar Thomson-Houston-Motoren zu je 15 PS erstellt wurde. Die so erhaltenen 90 PS stellen mehr als das Dreifache des regelmäßigen Bedarfes dar. Bei kleinerer Anlage wird man von einer selbstständigen Betriebsanlage absehen und den Strom von einer elektrischen Zentralstelle beziehen. Die angegebenen Kosten sind für europäische Verhältnisse ganz unmaßgeblich. Es genügt zu betonen, dass dieselben relativ gering sind und insbesondere im Einklänge mit dem geringen Bedarf an Personal eine günstige finanzielle Anlage erwarten lassen. Es sei noch erwähnt, dass die Abnahme des Fahrgeldes automatisch erfolgen soll.

Die Kraftübertragung verteilt sich auf mehrere Wagen, wo sie direkt an die Achsen derselben angreift. Durch eine losere Kupplung eines solchen Maschinenwagens an den vorhergehenden erzielt man, dass dieser seine Kraft nur ziehend und nie schiebend ausübt; so löst man den ganzen Zug in mehrere kleinere auf. Die Gehbahn soll sich durch einen geräuschlosen, ruhigen Gang auszeichnen, was in Verbindung mit dem angewandten Motor auch einen Nichtamerikaner mit dem Hochbahnsystem befreunden könnte. Da ja keine ernste Gefahr vorliegt, so scheint es außer Zweifel, dass sich das Publikum bald an die ungewohnte Form des Einsteigens gewöhnen wird; man kann wohl mit Recht in das System die besten Erwartungen setzen. Von den bis jetzt bekannten Schwierigkeiten ist die Frage der Behebung einer Betriebsstörung nicht zu unterschätzen. Es muss dies eben die Praxis lösen. Die Erfinder erklären bündig: *»Eine Entgleisung sei ausgeschlossen.«* Damit ist die Frage freilich noch lange nicht abgetan, und es kann sich niemand der Tatsache verschließen, dass die geringste Störung sich auf die ganze Bahn, und zwar so lange erstreckt, bis der wunde Punkt entfernt ist. Der Mechanismus lässt selbst bei Zuhilfenahme eines anderen Transportmittels zur Herbeischaffung von Mann und Material einen zeitraubenden Vorgang voraussehen; ja es erscheint schon deswegen ein zweites Hilfs-Transportmittel als notwendig. Ohne Zweifel wird die ›Gehbahn‹ in Chicago ihre Anziehungskraft auf jeden Techniker ausüben und hoffentlich bahnbrechend für Erfindungen auf diesen Gebieten wirken! *Abb. 37 u. 39* zeigen die Anwendung dieser Bahn als Hochbahn in einer Straße, doch dürfte die Errichtung einer solchen in größerer Ausdehnung von den Ergebnissen der Probestrecke in der Ausstellung abhängen.   • *Fr. v. Emperger*

Die Stufenbahn

*Österreichischer Ingenieur-
und Architekten-Verein*   29.7.1892

Mit Bezug auf den obigen Aufsatz über die Stufenbahn mit verschiedener Geschwindigkeit erhalten wir von Oberbaurat Wilhelm Rettig in München und Baurat Heinrich Rettig in Posen die Mitteilung, dass ihnen bereits im Jahr 1888 ein Patent auf diese Erfindung in England, Frankreich, Österreich-Ungarn und Deutschland und im Jahr 1889 in Amerika erteilt wurde und dass dieselbe Idee der Schmidtschen Stufenbahn im Jahr 1890 zu Grunde gelegt wurde. Der Wortlaut des Rettigschen Patentanspruches lautet:

»Anordnung einer oder mehrerer durch eine geeignete Betriebskraft bewegter ununterbrochener Wagenreihen, welche neben einem ohne Anhalten vorbeifahrenden Zug herlaufen und dazu dienen, das Aufsteigen von Personen nach diesem Zug unter Anwendung einer geeigneten Übergangsschnelligkeit ihrer Bewegung zu vermitteln.«

Es ist nun allerdings richtig, dass die Schmidtsche Stufenbahn auf dem Rettigschen Prinzip beruht, was auch erwähnt wurde, indem sich darin auf den Aufsatz in der *Wochenschrift* berufen wird, in welchem das Prinzip der Rettigschen Stufenbahn beschrieben war; der Unterschied beider Systeme besteht jedoch in der Traktion. Während nämlich die Brüder Rettig ihre mit verschiede-

Abb. 39. Projekt einer Stufenbahn in Chicago.

nen Geschwindigkeiten laufenden Stufen durch eben so viele Seile antreiben, hat Max Schmidt – wie aus den *Abb. 33 u. 34* hervorgeht – eine durchgehende Antriebsachse, auf welcher Räderpaare von wachsendem Durchmesser aufgekeilt sind. Auf diesen Räderpaaren gleiten die Plattformen mittelst biegsamer Schienen, welche sich auf dem Umfang der Räder abwickeln und somit mit wachsendem Durchmesser auch größere Geschwindigkeit erhalten. Die Plattformen werden durch die Spurkränze der Räder in ihrer Lage erhalten. Die Detailkonstruktion dieser ›biegsamen Schienen‹ ist uns zwar nicht bekannt, doch kann an der Durchführbarkeit dieser Bewegungsart nicht gezweifelt werden, nachdem die Probebahn sich seit mehreren Monaten in Betrieb befindet und zufriedenstellende Resultate ergeben haben soll. Auch die auf der Rettigschen 160 m langen Versuchsstrecke im Jahr 1889 durchgeführten Versuche lieferten den Nachweis, dass das Auf- und Absteigen leicht und gefahrlos vonstattengeht. ❐

Plattformbahnen in Amerika

PROMETHEUS 16.11.1892

Vor zwei Jahren trat der deutsche Baumeister Rettig mit dem Gedanken einer wandelnden Straße auf, d. h. einer Eisenbahn, welche aus mehreren gegliederten Plattformen besteht, die ein untergelegtes Gleis fortwährend, also ohne jeden Stationsaufenthalt, befahren. Die untere Plattform bewegt sich etwa mit der Schnelligkeit eines Fußgängers, die zweite doppelt so rasch, und die dritte, mit Sitzbänken versehene, wiederum 50 % rascher als die zweite. Wer die Bahn benutzen will, schwingt sich von dem festen Straßendamm, oder, bei unterirdischer oder oberirdischer Anlage der Plattformbahn, von einem feststehenden Steig aus, mittelst geeigneter Handhaben auf die untere Plattform, von dieser auf die zweite und schließlich auf die dritte, was selbst gebrechlichen Leuten nicht allzu schwer fallen dürfte, weil der Geschwindigkeitsunterschied zwischen den Plattformen sehr gering ist. Will man den Zug verlassen, so springt man von der oberen Plattform auf die zweite usw. herunter.

Fast gleichzeitig wurde in Frankreich eine ähnliche Bahn zur Erleichterung der Besichtigung der 1889er Pariser Ausstellung vorgestellt.

Diese Projekte waren in Amerika nicht unbekannt geblieben, da die dortigen Fachblätter ausführliche illustrierte Beschreibungen, namentlich der Rettigschen Bahn, brachten. Trotzdem traten neuerdings, wie ENGENEERING mitteilt, vor der **Western Society of Engineers** ein Max E. Schmidt und ein G. L. Silsbee, ohne irgendwelche Erwähnung ihrer Vorgänger, mit einem ganz ähnlichen Projekt auf, welches sie dreist als ihre Erfindung ausgeben, und auf welches sie auch ein amerikanisches Patent erhalten haben sollen. Allerdings haben sie einige kleine Abänderungen ausgesonnen, die aber nicht gerade als glücklich zu bezeichnen sind. Wenn wir die sehr unklare Beschreibung recht verstehen, nehmen sie auf Erfordern sechs Plattformen in Aussicht, deren erstere in der Stunde 4800 m macht, während die letztere 28 800 m zurücklegt. Auch planen sie die elektrische Fortbewegung der Plattformen. Nach ihrer Berechnung würde die Bahn im Stande sein, stündlich 126 720 Personen zu befördern.

Wenn wir auch nicht verkennen, dass die sechsmalige Turnübung bei jeder Benutzung der Bahn nicht nach jedermanns Geschmack sein dürfte, und dass die Sache leicht an den bedeutenden Kosten der Fortbewegung dreier kilometerlanger Plattformen scheitern könnte, so ist der Gedanke im Großen und Ganzen als genial zu bezeichnen, und es wäre dessen Verwirklichung, wenn auch im kleineren Maßstab, erstrebenswert. Darum hielten wir es für unsere Pflicht, die Prioritätsrechte des deutschen, wie des französischen Erfinders ausdrücklich zu wahren. ❐

Stufenbahn in Chicago

PROMETHEUS 17.5.1893

Vor einem Jahr wurde die Stufenbahn oder Plattformbahn auf dem Platz der Chicagoer Ausstellung beschrieben und die den Besuchern die Besichtigung eines Teils der Sehenswürdigkeiten derselben erleichtern soll. Diese Bahn besteht, wie vielleicht erinnerlich, aus zwei Plattformen oder endlosen Wagen, die sich nebeneinander mit verschiedener Geschwindigkeit im Kreise fortbewegen.

Als der Urheber des Gedankens der Plattformbahnen darf der deutsche Baumeister Rettig angesehen werden. Die oben erwähnte Bahn rührt jedoch von den Amerikanern Silsbee und Schmidt her, welchen das Verdienst zukommt, den Differentialmechanismus der Plattformgestelle erfunden zu haben.

Sie hegen die Absicht, eine derartige Bahn in einer langen geraden Straße Chicagos anzulegen. Wie aus der Abbildung ersichtlich, soll diese Hochbahn aus vier Plattformen bestehen, was die Erzielung einer Geschwindigkeit von 20 km/h ermöglichen würde, aber die Benutzung erschweren dürfte, weil den Passagieren vier, wenn auch leichte Sprünge zugemutet werden. Groß sind auch die Schwierigkeiten an den beiden Endkurven der Schleife, weil die äuße-

Abb. 40. Stufenbahn in Chicago.

ren Räder und Plattformen hier einen längeren Weg zu beschreiben haben als die inneren. Bezüglich der Plattformen selbst wird die Schwierigkeit einigermaßen dadurch gemildert, dass sie aus vielen kleinen Teilen bestehen, die sich bei den Kurven übereinander schieben. Dies nötigte aber bereits bei der Probebahn auf dem Ausstellungsplatz zu Schutzvorrichtungen, die es verhüten, dass die Passagiere mit den Füßen in die verschiebbaren Teile geraten. Als Triebkraft soll auch bei der Straßen-Stufenbahn Elektrizität zur Anwendung gelangen, und zwar in der Weise, dass der größere Teil der Achsen mit Elektromotoren versehen wird. Den absoluten Synchronismus der vielen Motoren zu erzielen, dürfte indessen nicht so leicht sein, und ihre Instandhaltung Schwierigkeiten bieten.

Als ein großer Fehler der Stufenbahn darf, falls sie in der Weise ausgeführt wird, wie die Abbildung lehrt, der Umstand angesehen werden, dass die Fahrgäste den Unbilden der Witterung schutzlos preisgegeben sind. In warmen Ländern mag es gehen; in Chicago aber, wo es furchtbar schneit und stürmt und das Thermometer sehr tief sinkt, dürfte eine Fahrt auf der offenen Bahn, deren Sitze überdies bei Regen oder Schnee nicht zu benutzen sind, kaum zu den Annehmlichkeiten gehören. Selbstverständlich kann es sich bei dem Bau von Stufenbahnen nur um kurze, möglichst gerade Strecken handeln. Die Reibung der vielen Räder und der Widerstand bei Krümmungen legen der Anlage längerer Strecken, ebenso wie der Anlage von Kabelbahnen, unüberwindliche Hindernisse in den Weg. Der Viadukt der Stufenbahn würde, wenn er auf die Weise ausgeführt wird, wie die Abbildung zeigt, der Straße nicht gerade zur Zierde gereichen. Doch haben die Amerikaner dergleichen Bedenken längst überwunden. ❏

Die Stufenbahn

Eine elektrische Hochbahn für die
Berliner Gewerbe-Ausstellung 1896

REKLAME-SCHRIFT • APRIL 1895

Die Stufenbahn besteht aus einer Kette von zwei oder mehreren Plattformen, welche sich in genau zueinander geregelter Geschwindigkeit parallel bewegen. Ihren Namen führt dieses neue Verkehrsmittel wegen des stufenweisen Übergangs zur gewünschten Fahrgeschwindigkeit, welche auch in der Tat durch Ersteigung niedriger, etwa 4 cm hoher Stufen erreicht wird.

Die für die Berliner Gewerbe-Ausstellung 1896 projektierte Stufenbahn, welche durch den unterzeichneten Unternehmer zum ersten Male in Europa zur Ausführung gelangen soll, hat eine Länge von ca. 3000 m und ist mit zwei Plattformen ausgerüstet. Die äußere, sich langsam bewegende Platte dient als Verbindungsglied zwischen dem sich längs der Bahn hinziehenden festen Bahnsteig

Abb. 41.

und der sich rascher bewegenden Plattform, auf welcher die Sitzplätze angebracht sind. Auf diese Weise wird es den
Fahrgästen ermöglicht, mit absoluter
Sicherheit und Bequemlichkeit vom festen Boden die Sitzplätze der Bahn zu erreichen und dieselben zu verlassen – an
jedem beliebigen Punkt, ohne dass die
Bahn zum Stillstand gebracht wird. Die
Stufenbahn löst die Aufgabe, das zum
Besteigen und Verlassen der Eisenbahnzüge oder der Trambahnen zeitraubende Anhalten zu vermeiden!

Die Erfinder dieses Beförderungs-
systems für Personen sind Oberbaurat
W. Rettig und dessen Bruder der Kgl.
Baurat H. Rettig. Dieselben haben bereits im Jahr 1889 vor Behörden und
geladenem Publikum in Münster in
Westfalen auf einer dort erbauten Versuchsstrecke die Durchführbarkeit ihres Systems bewiesen.

Das System Rettig wird mit einem
Drahtseil betrieben, welches mit zwei
parallel laufenden Plattformen über zwei
Trommeln verschiedenen Umfangs läuft,
wodurch die Geschwindigkeit zweier
Fahrbahnen zueinander geregelt wird.

Die amerikanische Konstruktion der
Stufenbahn *(Abb. 42 u. 43)*, deren Betrieb mit Elektromotoren bewirkt wird
und welche auf der Weltausstellung in
Chicago mit Erfolg angewendet ist, stellt
ein altbekanntes mechanisches Gesetz
in den Dienst der Praxis. Die Fortbewegung eines Gegenstandes auf der Peripherie einer Walze oder eines Rades
geschieht mit der doppelten Geschwindigkeit, mit welcher sich die Achse oder
das Zentrum eines Rades bewegt. Nach
diesem Prinzip ist die sich langsam bewegende Plattform, auf welche der Fahrgast zuerst tritt, an die Achse des Rades
befestigt und bewegt sich erstere dem-
nach mit der Geschwindigkeit dieser
Achse. Die nächste Plattform befindet
sich oben auf dem Rad und hat dementsprechend die doppelte Geschwindigkeit der ersten Plattform. Die zweite
Plattform bewegt sich auf zwei ununterbrochenen beweglichen Schienen-
strängen, das Rad der ersten Plattform
auf einer festen Schiene. Beim Ab- und
Zunehmen der Achsengeschwindigkeit
nimmt die Geschwindigkeit der Plattform, auf welcher sich die Fahrgäste be-

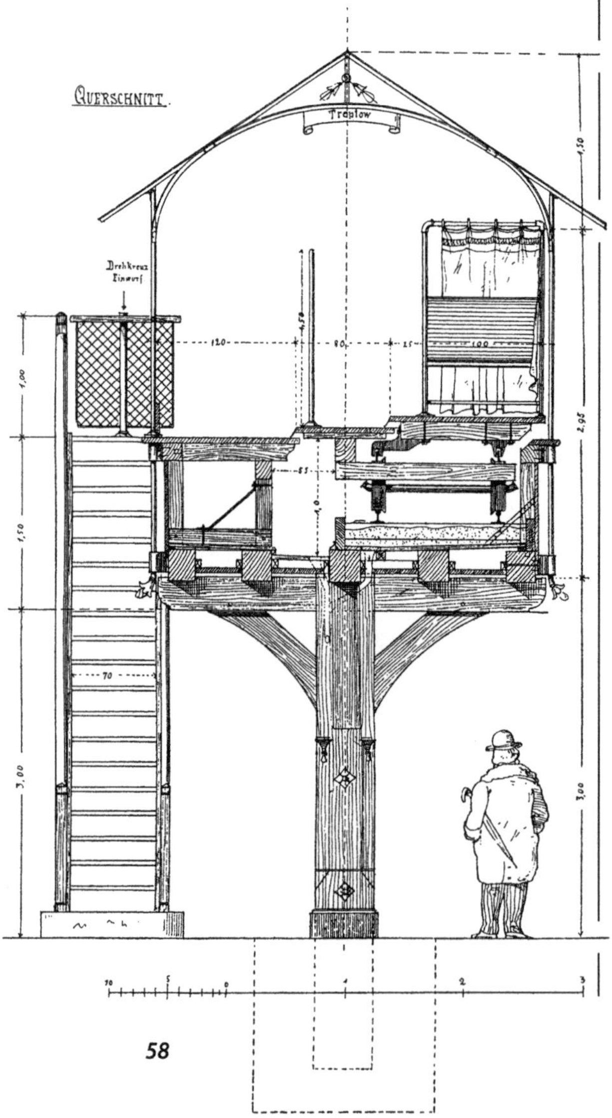

Abb. 42. Konstruktionszeichnung der Stufenbahn.

58

finden, ab und zu, die Geschwindigkeit beider Plattformen muss daher stets in demselben Verhältnis bleiben und kann auf das Genaueste reguliert werden.

Sowohl das System Rettig als auch die amerikanische Konstruktion sind durch Patente geschützt; das Ausnutzungsrecht hat sich der Unterzeichnete gesichert. Auf der Berliner Gewerbe-Ausstellung 1896 soll die amerikanische Konstruktion zur Anwendung gelangen.

Die Geschwindigkeit der ersten Plattform ist auf 1½ Meter in der Sekunde festgesetzt; dieselbe entspricht der durchschnittlichen Geschwindigkeit eines Fußgängers. Die zweite Plattform bewegt sich dementsprechend mit 3 m/s oder mit 180 Metern in der Minute, so dass die Fahrgeschwindigkeit der Stufenbahn ca. 11 km/h beträgt.

Der feste Steg, welcher sich 3 m über dem Erdboden längs des Bahnkörpers hinzieht und zu dem bequeme Treppen in Zwischenräumen von ca. 20 m führen, hat eine Breite von 1,20 m; die erste Plattform ist 80 cm breit; die zweite Plattform hat eine Breite von 1,25 m, so dass die Gesamtbreite der Anlage 3,25 m beträgt. An den Hauptverkehrspunkten erweitert sich der feste Bahnsteg auf 5 m Breite in einer Länge von 40 – 50 m.

Die Leistungsfähigkeit der Stufenbahn übertrifft die größten Anforderungen, welche man bis jetzt an irgendein Verkehrsmittel zu stellen gewohnt war.

Die ununterbrochene Bewegung, in welcher sich die Stufenbahn befindet, ergibt selbst bei einer geringen Fahrgeschwindigkeit ein schnelleres Fortkommen der Personen, als dies bei anderen Verkehrsmitteln möglich. Denn die Stufenbahn hält nirgends an, sie fährt

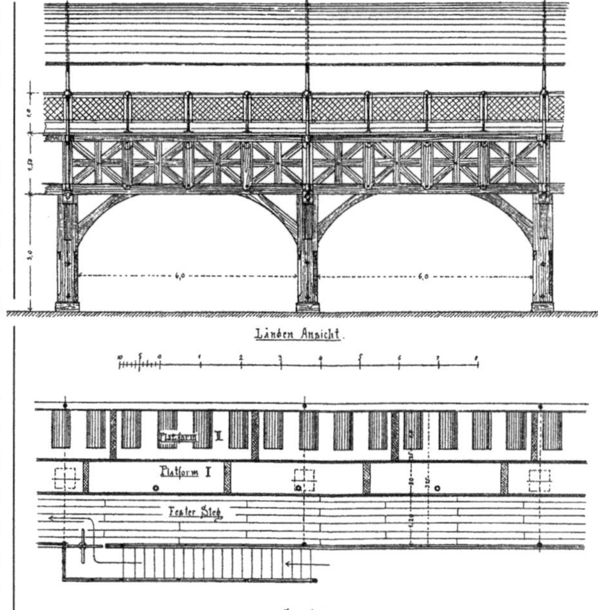

Abb. 43. Konstruktionszeichnung der Stufenbahn.

an den Ecken der Straßen nicht langsamer, um in dieselben einzubiegen; sie vergeudet keine Zeit mit Bremsen und Anfahren, weil sie stets in Bewegung bleibt. Und diese Zeitersparnis ist so bedeutend, dass, um ein Beispiel anzuführen, eine Straßenbahn, welche mit einer Geschwindigkeit von 12 km/h fährt, nur einen Weg von etwa 8 km tatsächlich zurücklegt; die übrige Zeit ist durch Bremsen, Halten und Anfahren verbraucht worden. Ganz besonders

Abb. 44. Die Stufenbahn auf der Weltausstellung in Chicago 1883.

aber kommt bei dem Stufenbahnbetriebe der Fortfall des Aufenthalts in Betracht, welcher für das Warten auf die Ankunft und die Abfahrt der Züge bei allen bisher gekannten Verkehrsmitteln aufgewendet werden muss. Dadurch, dass bei der Stufenbahn der Fahrgast an jedem Punkt und zu jeder beliebigen Zeit die Bahn besteigen oder verlassen kann, wird die Leistungsfähigkeit derselben derartig erhöht, dass sie bei einer Fahrgeschwindigkeit von nur 11 km/h jede Trambahn an Beförderungsschnelligkeit um Vieles übertrifft, und sogar der Berliner Stadteisenbahn auf eine Entfernung von 5 km gewachsen ist. Diesen Nachweis hat Oberbaurat Rettig in seiner Denkschrift über ›*Die Stufenbahn: Neues Verkehrsmittel zur Bewältigung des Personen-Massen-Verkehrs in Groß-Städten*‹ auf Grund technischer Erhebungen nachgewiesen.

Da die zweite Plattform, auf welcher die Sitzplätze angebracht sind, einen Weg von 3 m/s in der Sekunde zurücklegt, ist wie bereits angeführt die Geschwindigkeit 11 km/h. Auf je 1 m Bahnlänge befinden sich zwei Sitzplätze (außer den Stehplätzen), d. h. auf 2500 m Bahnlänge können 5000 Personen zu gleicher Zeit Platz nehmen. Bei der ununterbrochenen, kettenförmigen Bewegung der Stufenbahn sind jede Minute 426 Plätze an jedem Punkte der 2500 m langen Bahn zur Verfügung des Publikums. Nehmen wir an, dass jeder Fahrgast den ganzen Weg von 2500 m in ca. 12 Minuten auf der Stufenbahn zurücklegt, so können bei 5000 Sitzplätzen in einer Stunde 25 000 Personen befördert werden. Da die Benutzung der Stufenbahn auf dem Ausstellungsplatz sich jedoch vermutlich in der Weise vollziehen wird, dass der größte Teil der Fahrgäste – bei der gegebenen Möglichkeit an allen Punkten ein- und auszusteigen – kürzere Distanzen bei dem billigen Fahrpreise von 10 Pfennig pro Fahrt, und zu öfteren Malen in der Ausstellung fährt, so werden die Sitzplätze der Bahn öfter als in Zwischenräumen von 12 Minuten frei werden, und die Beförderungsziffer von 25 000 Personen pro Stunde wird sich höchst wahrscheinlich wesentlich erhöhen. In Chicago hat die dortige Versuchsstrecke in einer Stunde 31 600 Personen befördert.

Der Betrieb der Stufenbahn ist der sicherste, den man sich denken kann. Dieser Umstand ist in dem System selbst begründet, da sowohl der Weg als auch der Wagen und die Bewegung der Bahn ununterbrochen sind. Es gibt keinen Rauch, keine Weiche, kein Hindernis auf dem Gleis, keine Missverständnisse beim Rangieren oder bei Stellung der Geleise. Es können daher weder Explosionen noch Entgleisungen noch Zusammenstöße vorkommen, denn es ist nichts vorhanden, wodurch eine derartige Gefahr hervorgerufen werden kann. Niemand kann überfahren, vergessen oder verloren werden, denn die Räder sind mit Platten bedeckt, und Einsteigen, Fahren und Aussteigen geschieht auf demselben Platz. Selbst das Ausgleiten einer Person hat keinen größeren Nachteil, als wenn es auf dem Erdboden geschieht; es gibt keine Lücke, keine Öffnung auf der ganzen Bahnlinie, in welcher jemand selbst beim Hinfallen gequetscht oder verletzt werden könnte. Es ist ganz besondere in den offiziellen Berichten der Chicagoer Weltausstellung der Tatsache Erwähnung getan, dass während des Betriebes der Stufenbahn auch nicht ein Unfall zu verzeichnen gewesen ist.

Der Kgl. Eisenbahnbau-Inspektor Klinke bezeichnet in seinem bemerkenswerten Vortrage, welchen derselbe

nach seiner Rück-
kehr von der Chi-
cagoer Weltausstel-
lung im Verein für
Eisenbahnkunde,
der hervorragends-
ten Vertretung der
Eisenbahntechnik,
gehalten hat, die
Stufenbahn als eine
der interessantes-
ten Erfindungen
auf dem Gebiet des
Verkehrswesens.
Die Stufenbahn ist
als Ausstellungsob-
jekt ein neues Ver-
kehrsmittel auf dem
Gebiete der elektri-
schen Hoch- und
Tiefbahnanlagen für Städte und eignet
sie sich vornehmlich zur Bewältigung
des Massenverkehrs von Personen für
die Berliner Gewerbe-Ausstellung 1896.
Ganz besonders aber ist sie vor allen
anderen Bahnanlagen berufen, den Bin-
nenverkehr auf dem Ausstellungsplatz
selbst zu vermitteln, weil der Fahrgast
an allen beliebigen Punkten die Stufenbahn besteigen und verlassen kann,
– was bei anderen Bahnanlagen nur auf
bestimmten Stationen möglich ist.

Die Stufenbahn ist daher bestimmt,
die mit Eisenbahn, Pferdebahn, elektrischer Trambahn, Dampfschiff, eigenem
Gefährt etc. ankommenden Besucher
der Ausstellung direkt in das Innere
des Ausstellungsplatzes an jeden beliebigen Punkt zu führen und zu den
Abfahrtsstellen zurückzubringen. Zur
Erreichung dieses Zwecks wird ein
kombiniertes Billettsystem, welches die
Benutzung der Stufenbahn einschließt,
angestrebt. Durch diese Einrichtung
wird einesteils die Ausstellungsverwal-

Abb. 45. Übergang über den Karpfenteich.

tung entlastet, anderenteils werden die
Besucher der Ausstellung vor Gedränge
an den Eintrittskassen und Abfahrtssta-
tionen geschützt.

Ferner dient die Stufenbahn als Ver-
mittlerin des Binnenverkehrs auf dem
Ausstellungsplatze selbst, eine Einrichtung, welche bei der 100 Hektar großen
Ausdehnung des Ausstellungsplatzes
ein unbedingtes Erfordernis ist. Hier
wird die Kontrolle über die Benutzung
der Stufenbahn durch automatisch
wirkende Drehkreuze geregelt, ein Patent des Kgl. Eisenbahnbau-Inspektors
Wegener. Bei Legung der Trasse glaubt
man daher, dieser Bestimmung der Stufenbahn gerecht geworden zu sein.

Die für die Berliner Gewerbe-Ausstellung projektierte Stufenbahn besteht aus
zwei sich aneinander lehnenden Ringen
(s. Ausstellungsplan Abb. 46), auf welche
die Fahrgäste während der Fahrt über-
treten können.

Vom Hauptausstellungsbahnhof Treptow zieht sich ein 500 m langer Ring der Stufenbahn an den 2500 m langen Hauptring heran, von welchem die Fahrgäste, auf den letzteren übertretend, zum Hauptausstellungsgebäude gebracht werden. Nachdem die Stufenbahn den Haltepunkt der Pferdebahn berührt, führt dieselbe kühn durch die mächtige Ausstellungshalle hindurch, so dass der Fahrgast bei schlechter Witterung vermittelst der überdachten Hochbahn trockenen Fußes in das Hauptausstellungsgebäude gelangen kann. Der nordwestlichen Richtung folgend berührt die Bahn den Haupteingang der Ausstellung, zieht sich von hier zur Spree an die Haltestelle der Dampfbote hin, von hier nach dem Hauptrestaurant Dressel, von welchem sie in nordöstlicher Richtung nach dem Platz hinführt, wo die Luftschifferabteilung mit dem Fesselballon, der Aussichtsturm, der mit elektrischen Gondeln besetzte, künstlich hergerichtete See und dgl. m. das Publikum vereinigen werden. Alsdann nähert sich die Stufenbahn auf einige Hundert Meter Entfernung dem Eingang des Volksgartens, berührt das für 1700 Personen errichtete Ausstellungstheater und nimmt in malerischer Ausstattung ihren Weg quer über den vorhandenen Karpfenteich, von welchem den Fahrgästen ein Rundblick über den über 1500 m langen Ausstellungsplatz bis zur Spree geboten wird. In östlicher Richtung hin nähert die Stufenbahn sich dem erstgenannten kleinen Ring am Hauptbahnhof Treptow, um den Punkt aufzusuchen, von welchem wir ausgegangen sind.

Die Stufenbahn ruht auf hölzernem Unterbau, welcher mit einem wasserdichten Leinwanddach überspannt ist. Durch die eigenartige, dekorative Ausstattung der Stufenbahn wird diesel-

be das allgemein interessante Bild des ganzen Ausstellungsparks unterstützen und fördern namentlich des Abends verspricht die mit elektrischem Licht erleuchtete, sich schlangenartig durch den Park hinziehende Hochbahn dem vielbewegten Bild auf dem Ausstellungsplatz einen besonderen Reiz zu verleihen.

In allen Städten und Ortschaften, in welchen eine elektrische Hoch- oder Untergrundbahn am Platz ist, tritt die Stufenbahn in nennenswerte Konkurrenz. Die Stufenbahn vereinigt das wertvolle Prinzip der größten Betriebssicherheit mit der größten Zeiterspar-

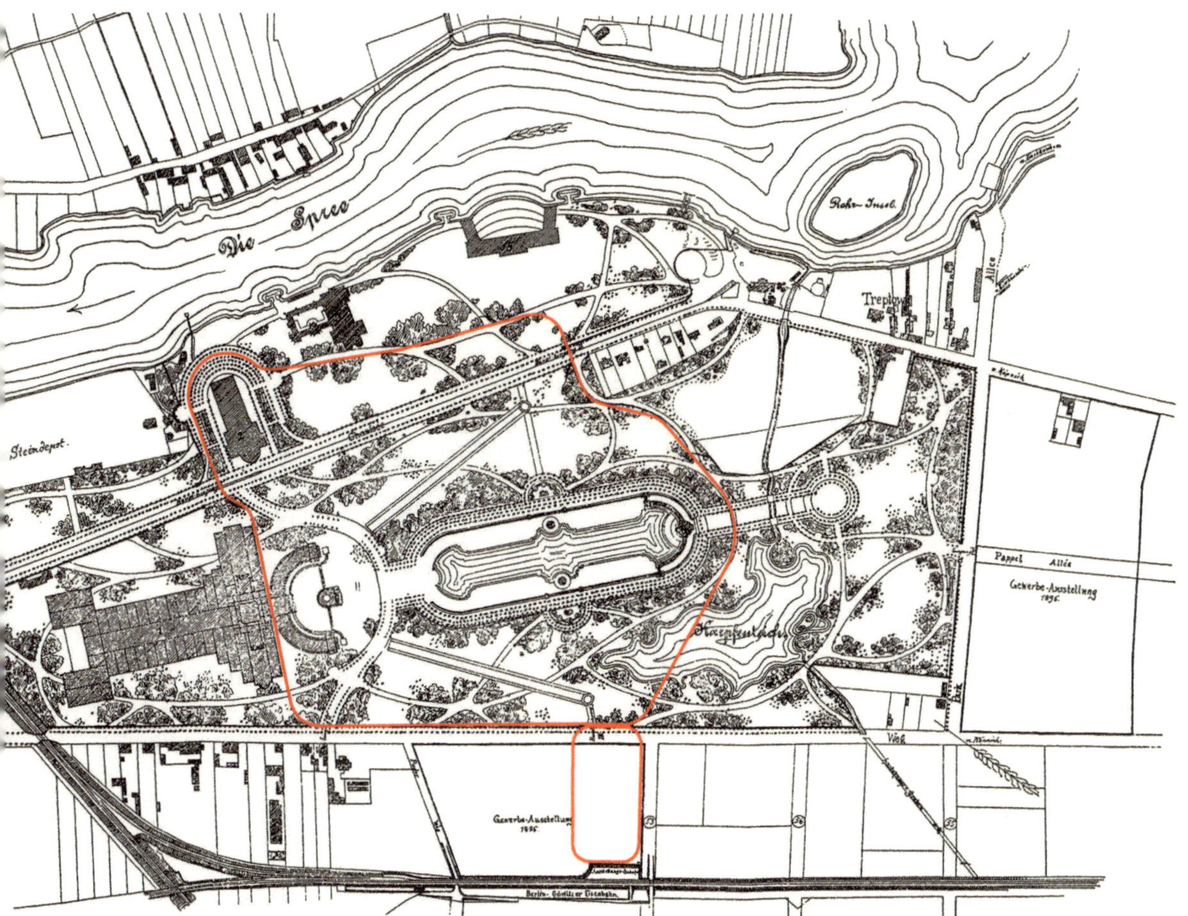

Abb. 46. Linienführung der Stufenbahn auf der Berliner Gewerbeausstellung 1896.

nis im Verkehr; sie überwindet auf das Leichteste Steigungen und Kurven unter der geräuschlosesten Bewegung und zeichnet sich aus durch die denkbar billigsten Betriebskosten. Der leichte, luftige Charakter des Oberbaus entkräftet den Einspruch, welchem man gewöhnlich bei Hochbahnanlagen wegen deren luft- und lichtraubenden Konstruktion begegnet. Das Problem der Heizung, welches bei allen Straßenbahnen, selbst bei Eisenbahnzügen mit einzelnen Wagen ein schwieriges ist, erscheint bei der Stufenbahn leicht zu lösen. Die ganze Konstruktion derselben ist eine Einheit und in allen Teilen ein zusammenhängendes Ganzes; überdacht man die Stufenbahn mit Glas, so kann man den Bahnkörper mit Dampf oder Wasser leicht erwärmen.

Durch die gleichmäßige Verteilung des Gewichts ist die Last der Stufenbahn auf eine Einheit nicht größer als der vierte Teil des Gewichtes eines Einspänners, sie ist gleich dem Gewicht einer endlosen Kette, welche in einem Kreis auf der Erde liegt. Aus diesem Grund eignet sich die Stufenbahn außerordent-

Abb. 47. Die Stufenbahn als elektrische Hochbahn für Städte.

lich für städtische Anlagen *(s. Abb. 47)* ihre Breite braucht nicht mehr als 3 m zu betragen. Der Bahnkörper, welcher vom Bürgersteig nach dem Fahrdamm hin auf zierlich ausgestatteten Eisenträgern ruht, nimmt den Häusern weder Licht, noch belästigt er die Etagen der Wohnhäuser. Abends aber, elektrisch erleuchtet, wirkt die Stufenbahn, einem Illuminationskörper gleich, welcher sich schlangenförmig durch die Straßen einer Stadt windet, den Einwohnern zur Annehmlichkeit, der Stadt zur Zierde ihrer Straßenanlagen.

Alle diese Eigenschaften sind gleich wertvoll bei Errichtung von Verkehrsverbindungen durch die Stufenbahn zweier durch örtliche Verhältnisse, wie z. B. durch Flüsse, auseinandergehaltenen Verkehrspunkten, bei Ausstellungen im Allgemeinen, von und zum Ausstellungsplatz und auf diesem letzteren selbst, zur Vermittlung des Binnenverkehrs.

Für alle diese Gesichtspunkte bildet die Stufenbahn auf der Berliner Gewerbe-Ausstellung 1896 ein passendes Demonstrationsobjekt; der Umfang und der Charakter der Ausstellung sichert der Anlage einer Stufenbahn aber auch gleichzeitig einen pekuniären Erfolg.

Die Ausführung der Stufenbahnanlage in der Berliner Gewerbe-Ausstellung 1896 ruht in den Händen der bewährtesten Techniker, die Oberleitung des Baues hat der Erfinder der Stufenbahn Oberbaurat W. Rettig selbst übernommen.

• *Richard Damm*
Generalunternehmer
für Eisenbahnen

Dieses Projekt einer Stufenbahn für die Gewerbe-Ausstellung Berlin 1896 wurde aufgrund technischer Schwierigkeiten und der zu hohen Kosten nicht realisiert. Stattdessen kam eine deutlich kürzere, nur 463 m lange Linie zur Ausführung.

Die Stufenbahn

auf der Gewerbe-Ausstellung Berlin 1896

Die Stufenbahn auf der Berliner Gewerbe-Ausstellung gelangt nun doch zur Ausführung. Zwar wird sie nur in einer Gesamtlänge von 500 m errichtet, um eine Verbindung zwischen dem Hauptpark und dem Vergnügungspark herzustellen, sie wird aber wohl trotzdem eine große Anziehungskraft auf alle Besucher ausüben, denn für Europa ist eine Stufenbahn im Betrieb etwas durchaus Neues.

Wir geben daher auch für unsere Leser im Folgenden eine mit Illustrationen erläuterte genaue Beschreibung der Stufenbahn, welche das Interesse weiter Kreise erregen dürfte. Die Stufenbahn besteht aus zwei Plattformen, die sich in parallelen Linien fortbewegen mit einer gleichmäßig sich steigernden Geschwindigkeit. Die äußere, engere und langsam sich bewegende Plattform dient als Stufe oder als vermittelnder Standpunkt, um zu der inneren, weiteren und sich rascher bewegenden Plattform zu gelangen, wo Sitze angebracht sind. Auf diese Weise sind die Passagiere in der Lage, leicht und in vollkommener Sicherheit vom Boden aus zu der mit Sitzen versehenen Plattform zu gelangen, oder von dieser wieder auf den Boden, während beide Plattformen sich in Bewegung befinden.

Die mechanischen Prinzipien, die in Anwendung kommen, um dieses Resultat zu erreichen, sind nicht durchweg neu, aber sie sind einfach und in einer ebenso geistreichen wie praktischen Weise zur Anwendung gebracht worden. Man stelle einen Balken oder eine gerade Kante auf die Oberfläche eines rollenden Rades von irgend beliebigem Umfang und stoße es vorwärts oder rückwärts auf einem Brett oder einem Tisch, so wird sich der Balken zweimal so rasch vorwärts bewegen wie die Achse oder der Mittelpunkt des Rades.

Abb. 48.

Dieser Lehrsatz ist bei der Stufenbahn zur praktischen Anwendung gekommen und zum Besten der Beförderung von Passagieren verbessert worden. Diesem Grundprinzip entsprechend ist die sich am langsamsten bewegende Plattform, oder diejenige, auf welche der Passagier zuerst tritt, mit der Achse des Rades fest verbunden, besitzt also infolgedessen auch nur die einfache Geschwindigkeit dieser Radachse.

Die nächste Plattform ist oben auf den Rädern angebracht und schiebt sich auf denselben vorwärts, infolgedessen besitzt sie die doppelte Geschwindigkeit wie die erste. Die langsamere Plattform bewegt sich mit der Geschwindigkeit, die ein Fußgänger hat, also mit 4,5 km/h, die zweite, schnellere Plattform hat die doppelte Geschwindigkeit.

Die langsame Plattform ist 90 cm breit und ist durch Balken fest verbunden mit einem Wagen, der auf vier Rädern ruht. Diese Wagen oder Fahrgestelle sind je 3,65 m lang von einem Ende zum anderen und haben eine Radbasis von 1,75 m. Das ganze Gebälk ist so einfach wie möglich und hat lediglich den Zweck, die Räder in angemessenen Zwischenräumen auseinanderzuhalten, die zur Seite befindliche Plattform mit ihrer etwaigen Last vorwärts zu bewegen und die Spannkraft der Zugstangen auszuhalten, die übrigens, wie nebenbei bemerkt sei, eine sehr geringfügige ist. Die Breite zwischen den Schienen beträgt 112 cm. Die Räder sind von Gussstahl mit stählernem Vorsprung und Flan-

schen und haben 45 cm im Durchmesser. Die Radachsen sind ganz schmal, da sie nur geringes Gewicht zu tragen haben, indem weitaus die größte Last von der Krone der Räder getragen wird.

Die schnellere Plattform ist ebenfalls 3,65 m lang von einem Ende zum anderen und 1,77 m breit. Sie besteht aus einem einfachen Gebälk aus weißem Eichenholz und wird vorwärts bewegt auf zwei endlosen Schienen, wovon später die Rede sein wird. Nach oben ist sie abgeschlossen von einem Fußboden aus georgischem Fichtenholz, auf welchem vier Sitzreihen angebracht sind mit Sitzgelegenheit für je drei Personen, so dass auf die ganze Länge eines Wagens zwölf sitzende Personen kommen. Jeder Wagen besitzt eine Falltür, durch welche man Einblick in den unteren Mechanismus erhalten kann. Am Ende der Sitzreihe ist ein Platz von 25 cm frei geblieben, so dass der Passagier nach Wunsch vorwärtsgehen oder seinen Sitz wechseln kann. Am anderen Ende der Plattform ist ein Gitterwerk mit Drahtnetz angebracht. Alles Nähere ist aus *Abb. 50 u. 51* ersichtlich.

Die interessanteste Anordnung der schnelleren Plattform ist jedoch die Art und Weise, durch welche sie ihre Vorwärtsbewegung erhält. Sie wird auf zwei ununterbrochenen, dehnbaren Stahlschienen gefahren, welche das Charakteristische der ganzen Erfindung ausmachen, insoweit, als es ohne dieselben unmöglich wäre, den Zug über Kurven hinwegzuführen. Jede dieser Schienen ist 10 cm hoch und 1,5 cm dick und läuft ohne Unterbrechung auf der ganzen Schleife. Sie sind in passenden

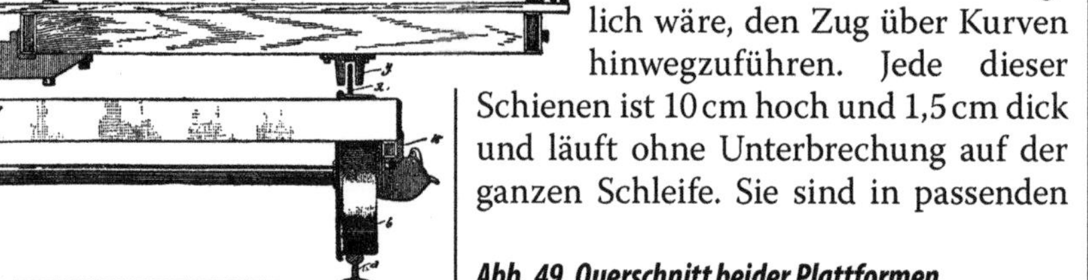

a) Bahnschienen. b) Gusseiserne Speichenräder mit 45 cm Durchmesser. J) Handpfosten. k) Büchsen. m) Querbalken der sich langsam bewegenden Plattform. p) Schnelle Plattform. s) Langsame Plattform. x) Sich fortbewegende dehnbare Schiene. y) Gusseiserne Tragbüchsen für die dehnbaren Schienen.

Abb. 49. Querschnitt beider Plattformen.

Abschnitten so lang fabriziert, dass sie bequem gehandhabt werden können, und an ihrem Ende sind sie zusammengeschweißt und genietet, so dass sie auf der ganzen Strecke der Schleife eine einzige Schiene bilden. Diese beiden Schienen verbleiben oben auf der Oberfläche der Räder, und auf ihnen sitzt und gleitet die ganze Plattform durch Vermittlung von Tragbüchsen. Diese sind mit dem Gebälk der Plattform gut befestigt, und jede einzelne enthält ein Stück Gummi, welches die Stelle einer Springfeder vertritt. Zwischen dem Gummi und den Schienen ist ein Stahlschuh, welcher sich letzteren anpasst und darüber hinweggleitet, wenn die Wagen sich beim Eintritt oder Austritt von Kurven der neuen Wendung anpassen. Diese Schuhe sind aus hartem Stahl gefertigt und auf ihre Dauerhaftigkeit geprüft.

Wenn die Schienen anfangen sich abzunutzen, so werden Mutterbleche in Gestalt eines U zwischen diesen Schuh und die Oberfläche der Schienen eingeschoben. Aus der Zeichnung und der Beschreibung geht hervor, dass die Wagen im Stande sind, sich, der Länge nachgehend, auf diesen Schienen frei zu bewegen und jede Lage einzunehmen, so dass sich der kleinste Unterschied in der Geschwindigkeit der Schienen so-

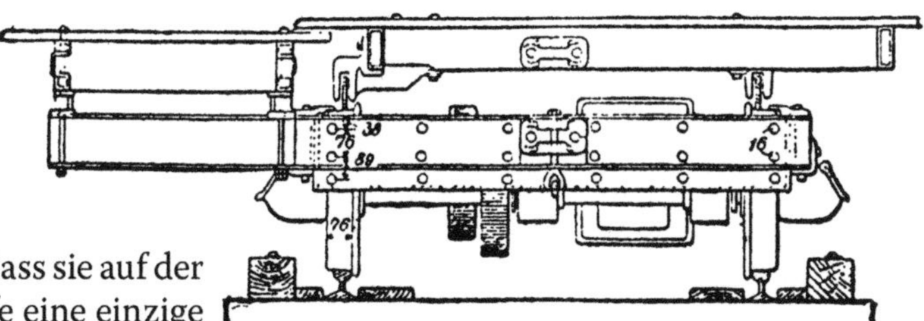

Abb. 50. Genaue Darstellung, in welcher Weise die Plattform auf den beiden dehnbaren Stahlbändern ruht.

fort durch die Gleitung der Plattformen an den Schienen ausgleicht.

Es könnte auf den ersten Anblick den Glauben erwecken, als könne die Notwendigkeit, auf die Verschiebung der endlosen dehnbaren Schienen den nötigen Bedacht zu nehmen, zu Schwierigkeiten führen. Die Praxis hat jedoch auf Grund einer ängstlichen Berechnung ergeben, dass die Zusammenziehung bzw. Verschiebung dieser Schienen keine größere Wirkung nach sich zieht, als dass sie etwa einen 2 cm seitlich auf den Radkränzen hinausrücken. Aus diesem Grund ist Vorsorge nach der Richtung hin getroffen, dass zwischen den Radflanschen und den ununterbrochen fortlaufenden Schienen ein Spielraum von 3,5 cm besteht.

Die Ununterbrochenheit der Vorwärtsbewegung erfolgt durchaus gleichmäßig und mit Vermeidung einer allzu großen Geschwindigkeit. Bei einem

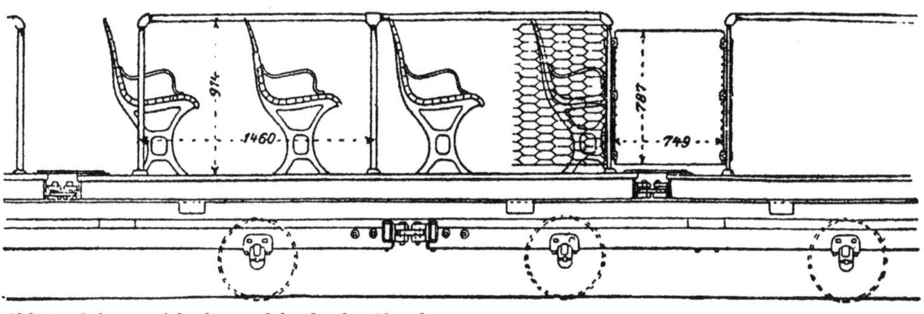

Abb. 51. Seitenansicht der rasch laufenden Plattform.

Straßenbahnzug, der gezwungen ist, bei jeder Straßenecke langsamer zu fahren und anzuhalten und sich nach jeder Haltestelle wieder langsam in Bewegung zu setzen, schrumpft eine Maximalgeschwindigkeit von 16 km/h im Durchschnitt auf eine solche von 10 km/h herab.

Vielleicht hundert Personen werden an ihrem raschen Fortkommen gehindert, weil eine oder zwei Personen anhalten wollen. Bei der neuen Erfindung wird Niemand aufgehalten. Von der feststehenden Plattform tritt derjenige, der vorwärtskommen will, mit Leichtigkeit zur Seite auf eine zweite Plattform, die sich mit der doppelten Geschwindigkeit nach vorwärts bewegt. Dort angekommen nimmt er einen Sitz ein und reist nun mit derselben Geschwindigkeit weiter, wie die Durchschnittsbewegung der Straßenbahn sich gestaltet. Die zweite Plattform ist nur um ihre eigene Stärke, nämlich um 5 cm, höher als die erste oder feststehende. Unter zehn Personen treten neun mit absoluter Sicherheit gleich beim ersten Versuch auf die zweite Plattform und desgleichen herunter. Beim zweiten Versuch geht unter Hunderten nicht einer fehl, und unter 1000 Menschen stößt nicht einer auf besondere Schwierigkeiten.

In der Berliner Gewerbe-Ausstellung nimmt die Stufenbahn ihren Anfang vor dem Georgentor von Alt-Berlin.

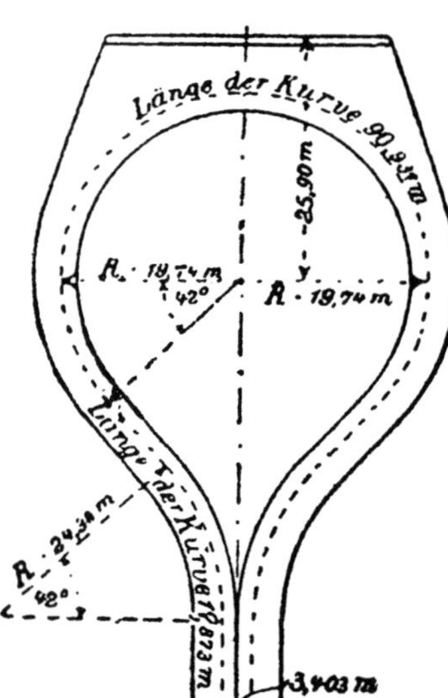

Abb. 52. Ausläufer der Probebahn in Schleifen.

Man steigt auf einer breiten, bequemen Treppe 4,5 m hoch empor, setzt sich hier auf die Stufenbahn und fährt auf einer Brücke von 28 m Spannung über die Parkstraße zum Vergnügungspark. Die Brückenköpfe sind Monumental-Bauten im Stile von Alt-Berlin. Im Vergnügungspark bildet die ›Stufen-Hochbahn‹ eine Schleife (*s. Abb. 52*), und hat man diese passiert, so rollt der Stuhl, auf dem man sitzt, nach Alt-Berlin zurück, um hier durch die zweite Schleife resp. den Gleis-Kreis wieder in der Richtung nach dem Vergnügungspark zu kommen. Für 10 Pfennig erwirbt der Fahrgast die Erlaubnis, dreimal die Fahrt durch die ganze Strecke der Stufenbahn zu machen. ❐

OFFIZIELLE AUSSTELLUNGS-NACHRICHTEN   <u>29.5.1886</u>

Die Stufenbahn hat gestern (Donnerstag) die Probe vor der landespolizeilichen Behörde mit vollem Erfolg bestanden, und damit ist dieses neue Verkehrsmittel zwischen Alt-Berlin und dem Vergnügungspark offiziell in die Reihe der vielen Beförderungsarten getreten, denen man in unserer Ausstellung begegnet. Der unmittelbare Anschluss der Stufenbahn an den Vergnügungspark lässt möglicherweise die Vermutung auftauchen, dass man es hier mit einer neuen Art Karussell zu tun hat. Dieser Anschauung muss durchaus widersprochen werden. Wie wir seiner Zeit bereits in einem technischen, figürlich ausgestatteten Artikel nachweisen konnten, liegt dem amerikanischen System der hier Stufenbahn genannten Beförderungsart ein weittragendes wirtschaftliches Problem zu Grunde. Mit diesem fortlaufenden, ewigen Kursieren und Rollen der durch Elektrizität betriebenen Wagen scheint jene Beförderungsform geschaffen zu sein, der die Zukunft gehört, und zwar nicht nur aus technischen Gründen. Wer gestern das übrigens massenhaft zur Stufenbahn hinaufsteigende Publikum zu beobachten Gelegenheit hatte, musste sofort erkennen, welchen ungeheurer praktischer Wert in dem unmittelbaren Übergang vom festen Boden zur vorbeirollenden Plattform, und von dieser zu den mitrollenden Sitzbänken ruht. Das Publikum begriff das sofort. Alle Leute und Kinder setzten ohne Zagen den Fuß auf die untere Stufe und von dort auf die zweite, welche den eigentlichen Wagen führt. Der Versuch gelang fast stets; man fand die richtige Balance, und nun wurde man nicht müde, auf der ganzen 500 m langen Strecke die gymnastische Übung des Vertauschens der Stufe mit dem festen Boden und umgekehrt, immer und wieder zu erproben. Auf diese Weise lassen sich ohne Personal, ohne Aufenthalt ungeheure Massen in kürzester Zeit befördern und eine baldigst mitzuteilende Statistik über die Benutzung der Stufenbahn und über die während derselben aufgewendete Zeit muss überraschende Ziffern zu Tage fördern. ❐

OFFIZIELLE AUSSTELLUNGS-NACHRICHTEN 15.6.1896

Aus der Verkehrspraxis der Stufenbahn lassen sich bereits nach der kurzen Zeit ihres Bestandes recht lehrreiche Schlüsse ziehen. Zunächst lässt die große Zahl von Passagieren, welche tagtäglich die Stufenbahn benutzen, darauf schließen, dass die Berliner Bevölkerung dem neuen Verkehrsmittel das lebhafteste Interesse entgegenbringt. Wie Columbus durch seinen Scherz, ein. Ei auf die Spitze zu stellen, sich bei der Jugend und der großen Masse mehr ins Gedächtnis gegraben hat, als durch seine immerhin wertvolle Entdeckung Amerikas, so hat auch die ingeniöse Erfindung dieser ohne Aufenthalt sich fortbewegenden Bahn vor allem dadurch sich so schnell populär gemacht, dass sie dem Berliner so viel Gelegenheit zum Ulken gibt. Es soll damit keineswegs die epochale Bedeutung des mit Recht als ›Ideal einer Hochbahn‹ bezeichneten Verkehrsmittels beeinträchtigt werden; wenn die Stufenbahn, statt gleich anderen Bahnen Haltestellen zu verwenden, das Publikum zwingt, sich seinen Halt zu suchen, so muss eine solche Anregung zur Selbsttätigkeit trotz der komischen Szenen, die sich beim Verkehr ergeben, entschieden als erziehlich bezeichnet werden. Wenn es heute, wo die Stufenbahn noch eine verblüffende Neuheit ist, manchmal passiert, dass eine Dame – bei Herren wurde noch kein Fall beobachtet – nach rückwärts aufsteigt und darum den Halt verliert, so wird ein solches Verkennen der einfachsten mechanischen Prinzipien nach kurzer Zeit einer vollkommenen Vertrautheit weichen, ebenso wie es heute wenige Menschen gibt, die beispielsweise mit dem Telefon nicht umzugehen wissen. Mag für den Fernverkehr die mit Dampf betriebene Eisenbahn im Gebrauch bleiben, für die Bewältigung des großstädtischen Massenverkehrs zeigt sich die Stufenbahn sowohl durch ihren Fassungsraum, als durch die Schnelligkeit der Bewegung, die durch Bremsen und Verkehrsstauungen nicht beeinträchtigt wird, sowie endlich durch ihren sanitären Vorteil der Rauchlosigkeit bereits jetzt als das geeignetste Vehikel der Gegenwart. ❐

Abb. 53. Le carrefour de l'Ecole militaire gehört zu den belebtesten Bereichen der Weltausstellung 1900 in Paris. Die kolossale Galerie des Machines aus dem Jahr 1889 streckt ihre kraftvollen und zugleich leichten Formen in den Himmel, während der monumentale Schornstein den Horizont mit einer Rauchwolke verhüllt. Die Stufenbahn und die elektrische Eisenbahn, die gerade der Avenue de la Bourdonnais gefolgt sind, betreten die Avenue de la Motte Picquet und überqueren die Avenue Bosquet. Paris sieht hier mit seinen Hochbahnen wie eine amerikanische Stadt aus.

Die Stufenbahn

auf der Pariser Weltausstellung 1900 und ihre Vorläufer

POLYTECHNISCHES JOURNAL • 8.7.1899

Unter den jüngeren, zur Bewältigung der Personen-Massenbeförderung innerhalb beschränkter Gebiete, namentlich auf Ausstellungen in Versuch gekommenen Verkehrsmitteln ist die so genannte Stufenbahn in vieler Hinsicht die interessanteste. Der Betrieb dieser Bahnen gilt als besonders sicher, indem sowohl der Fahrweg als die die Sitzplätze tragenden Fahrzeuge ein ununterbrochenes, in sich zurückkehrendes Ganzes bilden, und sonach nirgends durch Weichen oder Kreuzungen unterbrochen werden oder Hindernisse im Gleis vorfinden können. Alle auf diese Einrichtungen und Möglichkeiten zurückzuführenden Unfälle, wie beispielsweise Zugstreifungen, Zusammenstöße und Entgleisungen sind also von vorhinein hintangehalten. Da ferner die Schienen, Räder und Antriebsvorrichtungen durch Verschalungen vollkommen abgeschlossen sind, so entfallen auch alle diesfälligen Gefährdungen und selbst das Ausgleiten einer Person auf einer der Plattformen der Bahn kann keine größeren Nachteile nach sich ziehen als auf dem Erdboden. Für die Fahrgäste liegt ein besonderer Vorteil in der gleichmäßigen, vollständig stoßfreien Geschwindigkeit der Fahrzeuge, welche keinerlei Bremsvorrichtungen erfordern und für das Kommen und Gehen der Fahrgäste ihren Lauf nicht erst zu mäßigen brauchen. Die letzteren können vielmehr von jedem beliebigen Punkt der Straße aus die Sitzplätze der Bahn mit wenigen Schritten erreichen oder verlassen, ohne dass hierzu das sonstige, so zeitraubende Anhalten erforderlich ist. Mit dieser Bequemlichkeit verbindet sich noch eine Leistungsfähigkeit, welche die größten Anforderungen übertrifft, die an irgend ein Verkehrsmittel ähnlicher Art bisher gestellt worden sind. Wenn die Fahrgeschwindigkeit der wie die Glieder einer Kette ohne Ende aneinander gereihten Fahrzeuge einer Stufenbahn nur 9,6 km/h beträgt, wie es bei den bisherigen praktischen Ausführungen immer der Fall gewesen ist, und auf je 3,65 m Bahnlänge 12 Sitzplätze entfallen, so beläuft sich die Maximalzahl der Personen, welche in der Stunde befördert werden können, auf 31 578, eine Zahl, welche unter gleichen Gewichtsverhältnissen des rollenden Materials und unter Aufwendung der gleichen Zugkräfte wohl kaum von irgendeinem verwandten Verkehrsmittel erreicht werden kann. Dabei ist auch der Bedarf an Zugbeamten nur ein ganz geringer, da sich derselbe lediglich auf mehrere Schaffner erstreckt, welche die Aufgabe haben, den ungewandten Fahrgästen beim Aufsteigen oder beim Verlassen der Fahrbahn behilflich zu sein, und auf ein paar Beamte, welche die Bezahlung des Fahrgeldes überwachen.

Selbstverständlich fehlt es den Stufenbahnen nicht auch an leidigen Schattenseiten, an deren Spitze wohl die Misslichkeit steht, dass das System nur für relativ kurze Anlagen brauchbar erscheint und bezüglich des Befahrens schärferer Kurven keine Eignung be-

sitzt. Die volle äußerste Leistungsfähigkeit wird während des Betriebstages nur
in wenigen Stunden zur Geltung gelangen, wogegen in all der übrigen Zeit bei
einer um so niedrigeren Leistung der
ganze Betriebsaufwand derselbe bleibt.
Schon die laufende Unterhaltung bietet
Schwierigkeiten, insofern sie im Wesentlichen nur in den dienstfreien Stunden,
also während der Nacht vorgenommen
werden kann; einzelne plötzlich ein-
tretende Gebrechen an dem rollenden
Material können aber, selbst wenn sie
an sich ganz geringfügig sind, kleinere
oder größere Unfälle verursachen oder
mindestens Verkehrsstörungen veranlassen, die sich stets auf den gesamten
Verlauf der Bahn ausdehnen. Alle Reparaturen an jenen Teilen, welche unter
den Bodenplatten liegen, werden sich in
der Regel nur ausführen lassen, wenn
die Bahn außer Betrieb gestellt ist. Tritt
auch nur auf einem Punkte der Bahn die
Notwendigkeit ein, dass daselbst die Bewegung aufhöre, so erstreckt sich dieser Zwang auf die ganze Bahnlinie. Im
Übrigen sind die mit den Stufenbahnen
gemachten praktischen Erfahrungen
bisher so gering, dass die hieraus in Be-
treff der Vorzüge und Nachteile dieses
Verkehrsmittels gewonnenen Urteile
noch keineswegs als erschöpfend oder
endgültig gelten können.

Außer der von den Gebrüdern Wilhelm und Heinrich Rettig, den Erfindern der Stufenbahn, im Jahre 1889 in
Münster i. W. ausgeführten, 160 m langen Probelinie ist nur noch 1891 eine
zweite 270 m lange Probelinie im Jakson-Park in Chicago, ferner im Juli des
darauffolgenden Jahres im Gebiet der
Chicagoer Weltausstellung eine 1281 m
lange, und im Jahr 1896 auf der Berliner
Gewerbeausstellung eine 463 m lange
Linie zur Ausführung gelangt. *(s. S. 65)*

Neuerlich steht nun auch anlässlich der
im nächsten Jahr stattfindenden Pariser Weltausstellung die Errichtung einer Stufenbahn in Aussicht, welche alle
bisherigen Beispiele nicht nur der Ausdehnung nach beträchtlich übertreffen
soll, sondern auch von den älteren Anlagen hinsichtlich der Antriebsweise
und mancher anderer wichtiger Teile
vollständig verschieden sein wird. Es
war also in diesem Fall wieder geboten,
vorerst durch eine kleine Probelinie sich
über die Zulässigkeit und die Vor- oder
Nachteile der Neuerungen Rechenschaft
zu geben, und hatte man zu diesem
Zweck vorigen Jahres in Saint Ouen eine
Versuchsanlage hergestellt, die unausgesetzt den sorgsamsten Beobachtun-
gen unterzogen worden ist. Erst die hier
erzielten außerordentlich befriedigen-
den Ergebnisse waren dafür ausschlag-
gebend, dass dasselbe System endgültig
für die Weltausstellung angenommen
wurde, wo diese jüngste Stufenbahn
den Personenverkehr auf dem Ausstel-
lungsring, zwischen dem Marsfelde und
dem Invalidenplatz zu vermitteln haben
wird. Über diese soeben in Ausführung
begriffene Anlage und die betreffenden
Vorstudien hat Armengaud unlängst in
der Gesellschaft der Zivilingenieure in
Paris einen Vortrag gehalten, der um
so interessanter ist, als er auch auf die
Entwickelungsgeschichte und auf die
konstruktiven Eigentümlichkeiten fast
aller einschlägigen älteren Systeme er-
läuternde Streiflichter wirft.

Armengaud findet mit Recht das Ur-
bild der Stufenbahn in der sogenannten Rollbahn (Rollweg, *Chemin mobil*),
deren erster Vertreter, wie es scheint,
von Dalifor erdacht und als Ersatz für
die gewöhnlichen Omnibuslinien in
Städten, ausdrücklich für die Massen-
beförderung von Personen, in Vorschlag

gebracht worden ist. Das Eigentümliche dieses 1880 in Frankreich patentierten Verkehrsmittels, dessen Anordnung der in *Abb. 54* dargestellte Querschnitt erkennen lässt, besteht im direkten Gegensatze zu den Eisenbahnen und Trambahnen. Während nämlich bei den letzteren die Fahrbahn festliegt, der Motor aber beweglich ist, soll an der ›Rollbahn‹, wie schon der Name andeutet, die Fahrbahn beweglich, dagegen der Motor festliegen. Zum Ende sollte die Fahrbahn eine in sich zurückkehrende Kurve bilden und aus zweierlei Plattformen bestehen, wovon die einen HH_1 *(Abb. 54)* gleichsam die Bahnsteige darstellen und unbeweglich festliegen, während die anderen AA_1 die Fahrstraße bilden, beweglich sind und die hintereinander angebrachten schmalen Querbänke SS_1 für die Fahrgäste tragen.

Wie schon aus der Zeichnung hervorgeht, sollte das Verkehrsmittel auf einem von Säulen getragenen Viadukt errichtet werden, hoch genug, um dem Verkehr der gewöhnlichen Straßenfuhrwerke nicht hinderlich zu sein; ferner war die Anlage zweigleisig gedacht, derart, dass sich die Wagen AS hinwärts, A_1S_1 aber herwärts bewegen und durch eine fortlaufende Scheidewand W voneinander abgetrennt sind. Die Platten A und A_1 sollten aus einem endlosen Kranz von dicht aneinandergereihten Teilen (Wagen) bestehen, die von je zwei auf festen Schienen laufenden Räderpaaren oder Rollen BB bzw. B_1B_1 getragen werden. Schienen und Räder sind unter der Fahrbahn, die also hier gleichzeitig Fahrzeug ist, vollständig verborgen. Zum Antrieb der sich gleich einem waagerechten Paternosterwerke bewegenden Wagen hat

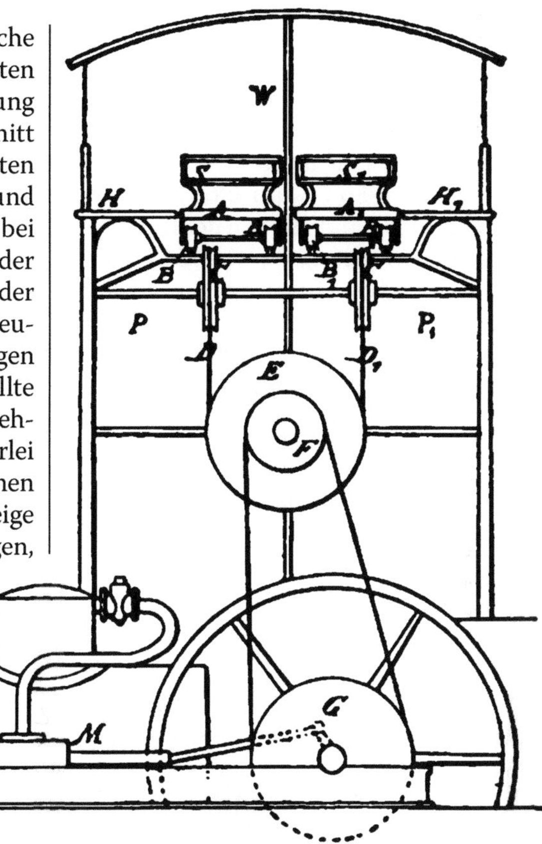

Abb. 54. Rollbahn von Delifor.

ein stabiler Motor zu dienen, der diese Aufgabe, wie Dalifor in seiner Patentschrift hervorhebt, in verschiedener Weise lösen könne, sei es mittels Reibungsscheiben, mittels Zahnstangenantriebes oder mittels Seile und Rollen, wie es in *Abb. 54* angedeutet erscheint. Für je 200 m Weg bzw. innerhalb jenes Zeitintervalls, welches diesem Wege entspricht, war ein Anhalten der ganzen Fahrbahn vorgesehen, um das Ein- und Absteigen der Fahrgäste zu ermöglichen. Während dieses Anhaltens hatte der einsteigende Fahrgast nur einen größeren Schritt von dem Bahnsteig H auf die bewegliche Platte A zu machen und hier auf der Sitzbank Platz zu nehmen, sowie der absteigende auf die unbewegliche Platte *H* überzutreten. Bis zu einem praktischen Versuch ist das Projekt infolge des frühzeitigen Todes des Erfinders nicht gediehen.

Im Jahr 1886 erwarb Blot das Patent für eine Rollbahn, die von der früher geschilderten, wie der in *Abb. 55* ersichtlich gemachte Querschnitt nachweist, wesentlich abweicht. Auch diese Anlage ist als Hochbahn gedacht, jedoch nur eingleisig und, damit sie möglichst schmal

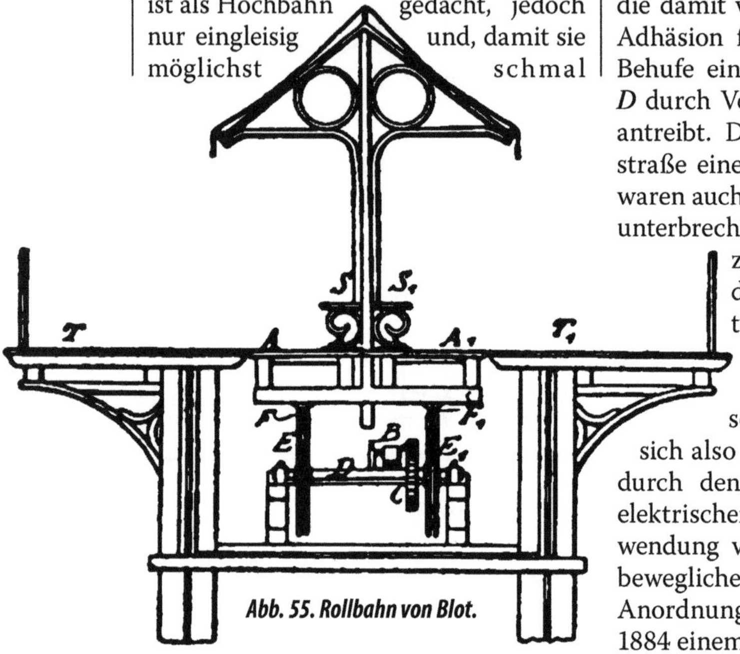

Abb. 55. Rollbahn von Blot.

werde, mit zwei Sitzbänken *S* und *S₁* versehen, die mit dem Rücken einander zugekehrt, fortlaufend längs der ganzen Bahn angebracht sind.

Die bewegliche, in sich selbst zurückkehrende Fahrbahn AA_1 kann von einem der unbeweglichen, sie rechts und links einfassenden Bahnsteige *T* oder *T₁* durch einen Schritt erreicht werden; sie besteht aus lauter eng aneinandergereihten, durch Scharniere untereinander verbundenen, durch Bretter verschalten Rahmengestellen aus Flach- und Winkeleisen, welche zu unterst die beiden

parallelen Laufschienen *F* und *F₁* tragen. Durch Vermittlung dieser Schienen läuft die Fahrbahn auf ausgekehlten Räderpaaren EE_1, die in gleichen Abständen in unbeweglichen Achslagern längs der ganzen Strecke angebracht sind, und in deren Nuten die betreffenden Schienenstränge hineinpassen. Eine Anzahl der Radachsen *D* haben als Triebachsen zu dienen, d. h. sie haben das Gleis bzw. die damit verbundene Fahrbahn durch Adhäsion fortzuschieben, zu welchem Behufe ein Elektromotor *B* die Achse *D* durch Vermittlung des Zahnrades *C* antreibt. Da die Bewegung der Fahrstraße eine ziemlich rasche sein sollte, waren auch von Blot regelmäßige Fahrtunterbrechungen vorgesehen, die alle zwei Minuten erfolgen und den weniger kühnen Fahrgästen ein bequemes Auf- und Absteigen gestatten sollte. Gegenüber dem Daliforschen System unterscheidet sich also das Blotsche im Besonderen durch den in Aussicht genommenen elektrischen Betrieb und durch die Anwendung von Antriebsrädern mit unbeweglichen Achslagern. Diese letzte Anordnung ist übrigens bereits im Jahr 1884 einem gewissen Bliven in Amerika als Karusselleinrichtung patentiert worden. Blot wollte seine Rollbahn auf der Pariser Ausstellung im Jahr 1889 zur Ausführung bringen und legte die Pläne schon 1887 der Ausstellungskommission vor, wo sie freundliche Beurteilung fanden. Allein infolge des Sturzes des damaligen Handelsministers Locroy ist auch die Verwirklichung des Blotschen Projektes unterblieben.

Allen diesen Vorläufern der Stufenbahn haftet gleich den sonstigen Straßen- oder Trambahnen der Übelstand an, dass ein beträchtlicher Teil ihrer

Leistung durch das oftmalige Anhalten verloren geht; es war sonach besonders erstrebenswert, ein Verkehrsmittel zu ersinnen, bei dem das Anhalten ganz erspart wird, indem die Bewegung der Fahrzeuge unausgesetzt gleich bleiben kann, ohne das Auf- und Absteigen der Fahrgäste zu behindern oder zu gefährden. Diese Aufgabe ist von den Gebrüdern Wilhelm und Heinrich Rettig zuerst gelöst worden, und zwar in der Weise, dass sie zwei, drei oder auch mehrere sich in derselben Richtung bewegende, parallele Rollbahnstränge dicht nebeneinander anordnen, wovon bloß der oberste *III (Abb. 30)* als eigentliche Fahrbahn eingerichtet, nämlich mit Sitzplätzen versehen wird, während die übrigen *I* und *II* lediglich die Stelle von Bahnsteigen einnehmen.

Die sonstige Einrichtung der einzelnen Rollbahnstränge ist insofern ganz übereinstimmend, als jeder derselben aus einer Anzahl vierräderiger, auf einem Gleis laufender, untereinander enge gekuppelter, flacher Fahrzeuge besteht, die eine Kette ohne Ende bilden und mittels je eines Drahtseils KK_1K_2, das seinen Antrieb von einer Dampfmaschine oder sonst einem Motor erhält, gezogen werden. In *Abb. 30* wird die Rettigsche Stufenbahn als Untergrundbahn angedeutet; sie könnte jedoch ebenso wohl als Hochbahn angeordnet werden und ist auch bisher noch nie in einer anderen als in der letztgenannten Form ausgeführt worden. Das Maßgebende und Wichtigste an der Einrichtung liegt in der Ungleichheit und in dem bestimmten gegenseitigen Verhältnis der Geschwindigkeiten der einzelnen Rollbahnstränge. Es soll nämlich der erste niedrigste Strang ohne Nachteil gleich vom festen Erdboden aus betreten werden können; dies ist nur dann der Fall,

wenn sich T nicht schneller bewegt als etwa ein rasch dahinschreitender Fußgänger. Die Erfinder geben daher dem ersten der beweglichen Bahnsteige T eine Fahrgeschwindigkeit von 1,5 m/s und unter diesem Umstand lässt sich in der Tat der Übertritt ohne Anstand bewerkstelligen, insbesondere wenn sich der Fahrgast dabei einer der reichlich vorhandenen Handhaben H bedient. Um den weiteren Aufstieg zu ermöglichen, darf auch die Geschwindigkeitsdifferenz zwischen den nebeneinanderliegenden Strängen nicht größer sein, als 1,5 m/s; so wird also die Fahrgeschwindigkeit des zweiten Strangs T_1 3 m/s und jene des dritten Strangs A 4,5 m/s betragen. Ersichtlicher maßen ließe sich bei entsprechender Vermehrung der Bahnsteigstränge schließlich für das eigentliche Fahrzeug selbst die Geschwindigkeit der schnellfahrenden Eisenbahnzüge erreichen, während nichtsdestoweniger für gesunde Menschen das Besteigen oder Verlassen des endlosen Zugs keinerlei Schwierigkeiten darbieten würde. Durch diese Abstufungen in der Höhenlage und in der Fahrgeschwindigkeit der zusammenwirkenden Rollbahnstränge hat sich mit Recht der bezeichnende Name Stufenbahn ergeben. Die Durchführbarkeit des Rettigschen Systems wurde auf der bereits eingangs erwähnten Probestrecke in Münster 1889 vor Behörden und einem geladenen Publikum erfolgreich nachgewiesen.

Im Jahr 1890 wurde in Chicago der Plan gefasst, eine Stufenbahn für die Ausstellung zu errichten, und zum Ende 1891 im Jakson-Park eine Probelinie erbaut, an der das Rettigsche System bezüglich der Zugförderung durch die Ingenieure Schmidt und Silsbee eine Vervollkommnung erfuhr, indem sie das weiter oben angeführte, zuerst von

Bliven für ein Karussell, dann von Blot *(Abb. 55)* für seine Rollbahn angewendete Prinzip in Kombination zogen. Der Vorteil dieses Prinzips liegt in der bekannten Tatsache, dass ein am äußersten Umfang der Räder eines Wagens bewegter Körper doppelt so rasch fortschreitet, als der Wagen selbst.

Bei der von Schmidt und Silsbee eingerichteten Stufenbahn *(Abb. 56)* waren nur zwei rollende Stränge vorhanden, DD_1 und JJ_1; hiervon bildete der erstere den bewegten Bahnsteig, der letztere die eigentliche Fahrbahn, weshalb er mit den Sitzbänken S für die Fahrgäste versehen ist. Auf einem Gleis von gewöhnlichen Breitfußschienen AA_1 laufen die

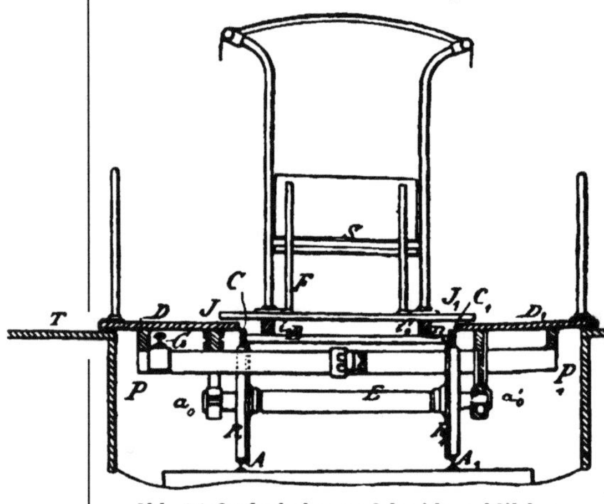

Abb. 56. Stufenbahn von Schmidt und Silsbee.

Räder RR_1; je zwei Radachsen bilden ein Fahrgestell, d. h. sie tragen nach Art der gewöhnlichen Eisenbahnwagen auf den Achsenstummeln einen Rahmen PP_1, auf dem die beiden Dielen D und D_1 angebracht sind. Der Rahmen PP_1 liegt so tief, dass die obersten Teile der Radspurkränze frei darüber hinaus reichen. Die besagten Druckgestelle oder Wagen sind wieder, wie in allen früher besprochenen Fällen, nach Art einer endlosen Kette in erforderlicher Anzahl hintereinander gekuppelt. Auf den Spurkränzen der Räder R und R_1 liegen mit ihrer unteren Kante die Flachschienen C bzw. C_1 auf, welche jede für sich einen längs der ganzen Bahn fortlaufenden geschlossenen Kranz bilden, und die, durch Querbleche oder Balken BB_1 verbunden, zwei Längshölzer i_0 und i'_0 tragen, auf welchen schließlich die Dielen JJ_1 mit den Sitzbänken S samt Schutzdach angebracht sind. Ein gewisser Prozentsatz der Fahrgestelle ist als elektrische Motorwagen eingerichtet, die den erforderlichen Betriebsstrom mittels eigener Stromabnehmer aus einer längs der ganzen Bahn vorhandenen, aus Altschienen hergestellten Speiseleitung empfangen, während die Fahrschienen A und A_1 als Rückleitung dienen. Sobald die Untergestelle PP_1 in Bewegung gelangen, werden auch die Obergestelle BB_1 bzw. JJ_1 durch Adhäsion in Lauf geraten, und zwar die letzteren mit doppelt so großer Geschwindigkeit als die ersteren. Genau nach diesem Muster errichtete man die im Juli 1893 eröffnete, 1281 m lange definitive Stufenbahn der Chicagoer Weltausstellung mit dem einzigen Unterschied, dass sie als Hochbahn ausgeführt wurde und nur auf einer Seite, wie der Querschnitt *Abb. 42* erkennen lässt, den beweglichen Bahnsteig D hatte. Der Radstand der Untergestelle betrug hier 1,753 m, der Durchmesser an den Rädern RR_1 0,457 m und die Spurweite des Gleises AA_1 1,143 m; die Flachschienen C und C_1 hatten eine Höhe von 100 mm und eine Stärke von 13 mm. Im Ganzen waren 350 Untergestelle und ebenso viele Obergestelle vorhanden, wovon unter den ersteren jedes fünfunddreißigste als Antriebswagen mit zwei Elektromotoren eingerichtet war. Von den Obergestellen enthielt jedes einzelne vier

Sitzbänke mit je drei Sitzen. Die Fahrgeschwindigkeit des Bahnsteigs D betrug 4,8 km/h (1,333 m/s), jene der Fahrbahn JJ_1 9,6 km/h (2,666 m/s). Bei vollkommener Benutzung aller 4200 Sitzplätze entfielen für jede Person nur 113 kg des rollenden Materials. Während der Ausstellung wurden durchschnittlich täglich, d. i. innerhalb 10 Arbeitsstunden, 6000 und an den verkehrsreichsten Tagen bis zu 10 000 Personen befördert.

Eine verkleinerte Nachahmung der Chicagoer Ausstellungs-Stufenbahn ist im Jahr 1896 auch auf der Berliner Gewerbeausstellung errichtet worden, mit der Aufgabe, den Verkehr zwischen dem Vergnügungspark und dem Ausstellungsgelände zu vermitteln. Diese im Ganzen 463 m lange Strecke ruhte auf hölzernen Böcken, welche in Abständen von etwa 5 m auf Monier-Zementplatten fundiert und durch Längsbalken untereinander steif verbunden waren. Was aber das Oberteil anbelangt, so besaß die Bahn im Wesentlichen genau die in *Abb. 42* dargestellte Anordnung.

Das Gleis AA_1 bestand aus 7 m langen Stahlschienen von 10 kg/m. Die Spurweite betrug 1,14 m und der Radstand an den Untergestellen 2,6 m. Dieselben Fahrzeuge (Sitze), welche auf der amerikanischen Weltausstellung in Benutzung standen, wurden auch in Berlin verwendet und waren direkt von der **Multiple Speed and Traction Company** in Chicago käuflich erworben worden. Nur hinsichtlich der Flachschienenkränze C und C_1 bestand ein konstruktiver Unterschied, insofern sie in Berlin nicht fest zu je einem einzigen endlosen Band vereinigt, sondern aus einzelnen, die Länge des Wagens besitzenden Stücken zusammengesetzt waren, welche an den Stößen mittels Sattelstücken übereinander griffen; eine Anordnung, vermöge welcher das Befahren der Krümmungen mit geringerer Abnutzung der Schienen C und C_1 und der Spurkränze der Räder R und R_1 verbunden ist. Neben dem Gleis AA_1 lag auf isolierenden Unterlagen noch ein dritter, aus $\mathbf{I}$-Eisen hergestellter Strang, welcher die Zuleitung für die elektrischen Motorwagen bildete, von der die letzteren den Betriebsstrom von 500 Volt mittels gleitender Schleifschuhe abnahmen. Von den 124 Wagen, aus denen die Berliner Stufenbahn bestand, waren zehn als Antriebswagen eingerichtet und mit je einem 15 PS-Straßenbahnmotor der **Berliner Union-Elektrizitätsgesellschaft** versehen. Je zwei Motorwagen waren hintereinander geschaltet und das Fahrgleis AA_1 diente als Rückleitung. Zur Sicherung des Publikums hatte man eine besondere Abstellvorrichtung vorgesehen, zu welchem Ende längs der ganzen Bahn in gleichen Abständen verteilt 20 Knöpfe angebracht waren, von denen in Fällen dringender Gefahr nur einer niedergedrückt zu werden brauchte, um die Unterbrechung des Betriebsstromes bzw. das Anhalten der ganzen Bahn zu veranlassen.

Obwohl nun die in Chicago und in Berlin ausgeführten Stufenbahnen den an sie gestellten Anforderungen in Bezug auf Bequemlichkeit und Sicherheit der Personenbeförderung, sowie den hinsichtlich der Leistungsfähigkeit gehegten Voraussetzungen bestens entsprochen haben, bleibt dem betreffenden System doch noch vorzuwerfen, dass durch die im Zug mitgeführten Motoren nicht nur überflüssige tote Last zuwächst, sondern namentlich die Unterhaltung sich schwierig gestaltet und die Gefahr öfterer Betriebsstörungen nahe gerückt wird. Diesem Übelstand suchte Blot, der 1894 die Errichtung einer Stufenbahn für die Pariser Säkularausstellung anregte, bei seinem jüngsten Entwurf auszuweichen, indem er wieder auf das bei seiner Rollbahn angewendete Prinzip der stabilen Motoren zurückgriff und sich, um ein nach jeder Richtung hin möglichst vollkommenes Projekt fertigzustellen, hierzu mit den Ingenieuren Guyenet und Moncable verband. Gleich zu Beginn der diesfälligen Arbeiten erkannte man, dass es von besonderem Vorteil wäre, auch die Fortbewegung der einzelnen Rollbahnstränge mit Hilfe zweier konzentrischer Flachschienenkränze, wie sie in Chicago und in Berlin angewendet worden ist, und die insbesondere für schärfere Krüm-

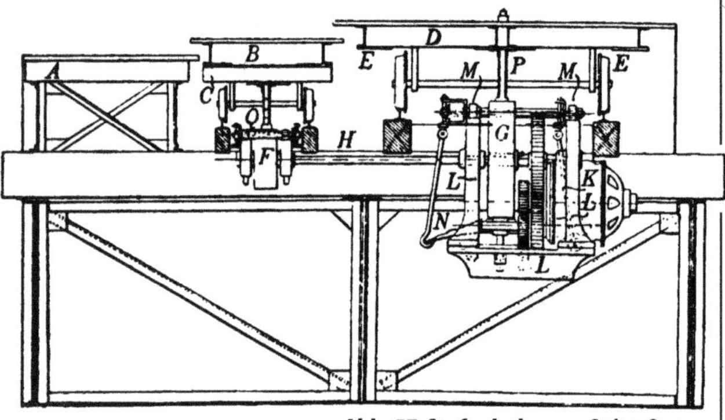

Abb. 57. Stufenbahn von Saint Ouen.

mungen nicht zu unterschätzende Misslichkeiten mit sich bringt, in irgendeiner Weise gründlich zu verbessern. Guyenet schlug zu diesem Zweck vor, die zwei Flachschienen durch eine einzige, stärkere zu ersetzen, die in der Längsachse der einzelnen Fahrzeuge anzubringen sei. Im Zusammenhang damit musste natürlich jeder der einzelnen Rollbahnstränge seine eigenen, wagenartigen Untergestelle erhalten. Weiter handelte es sich darum, die stabilen Elektromotoren, welche die Rollbahnstränge mittels Friktionswalzen antreiben sollten, der-

art elastisch zu verlagern, dass allfällige durch Abnutzung oder aus anderen Ursachen an den Spurkränzen der Wagenräder oder an der Höhe der stehenden Schienen vorkommende Abweichungen usw. kein Schleifen oder Leerlaufen verursachen könne. Nach Maßgabe dieser Konstruktionsgrundsätze wurde 1898 in Saint Ouen eine Versuchslinie errichtet, deren Querschnitt *Abb. 57* anschaulich macht. Diese Probestrecke ist eiförmig angelegt und 400 m lang; die schärfste Krümmung entspricht einem Radius von 40 m. Im Längenprofil sind absichtlich Steigungen von 3‰ eingeschaltet, weil die definitive Ausführung in Paris ebensolche Maximalsteigungen aufweisen wird.

Auch diese jüngste Stufenbahn in Saint Ouen ist als Hochbahn ausgeführt und besteht aus nur zwei beweglichen Strängen B und D_1 (*Abb. 57*) und dem fixen Bahnsteig A. Die Diele des ersten bewegten Stranges B, der als zweiter Bahnsteig dient, ist 90 cm breit und wird ebenso wie die 2 m breite, eigentliche Fahrbahn D von vierräderigen, ganz einfach angeordneten Wagen getragen, die elastisch aneinander gekuppelt sind und auf gewöhnlichen Eisenbahngleisen laufen. In der Längenachse jedes Wagengestelles ist mittels Winkeleisen die Schiene Q bzw. P befestigt; von Wagen zu Wagen sind dieselben durch Feder und Nut lose verbunden und in dieser Form einer elastischen Kette gleiten sie – überall an den Antriebsstellen, deren in der ganzen Linie 27 bestehen – auf den Friktionsrollen F bzw. G. Der Antrieb dieser letzteren auf einer gemeinsamen Achse H festsitzenden Rollen erfolgt von dem Elektromotor K durch Vermittlung eines Zahnradvorgeleges. Die Fahrgeschwindigkeiten der beiden Stränge sind natürlich proportional den

Radien der Friktionsrollen und dieselben können also bei dieser Anordnung des Antriebs ganz beliebig gewählt werden. Vorliegendenfalls ist übrigens das Verhältnis der Geschwindigkeiten zwischen B und D auch wieder wie 1 zu 2 gewählt worden, und da sich der Bahnsteig B mit 4 km/h bewegt, beträgt die Geschwindigkeit der Fahrbahn D sonach 8 km/h. Besonders wichtig ist an der Einrichtung die von Moncable angegebene zweckmäßige Anbringung der Motoren. Jeder Motor wird von einem eigenen Gestellrahmen L getragen, der einerseits auf der Drehachse M, andererseits auf dem federnden Gestänge N hängt, welch letzteres sich durch Anziehen oder Lüften einer Schraubenmutter verkürzen oder verlängern lässt. Da die Lager der Achse H auch am zweiten Ende zunächst der Friktionsrolle F durch Stellschrauben gehoben oder gesenkt werden kann, so ist es leicht, die Pression zwischen den Rollen F bzw. G und den Treibschienen Q bzw. P den Bedürfnissen angemessen einzuregulieren. Zufolge des Umstands, dass die Motoren unterhalb der übrigen Einrichtung ganz für sich angebracht sind, können sie durch entsprechende Verschlusskästen weit besser gegen äußere Einflüsse und namentlich gegen Staub geschützt werden als gewöhnliche Straßenbahnmotoren; auch ist es leicht, an ihnen Reparaturen und Regulierungen durchzuführen, die zum Teil selbst während des Betriebs vorgenommen werden können. Bei der Versuchslinie in Saint Ouen erhalten die 27 Motoren Dreiphasenstrom von einer Elektrizitätsmaschine, die in dem ungefähr 600 m von der Stufenbahn entfernten Werk der Société de la Transmission de la Force par l'Electricité aufgestellt ist. Trotz der Vorteile aber, welche die Dreiphasenströme in Bezug auf Einfachheit im Bau der Motoren bieten, da sie die Unannehmlichkeiten der Reibbürsten ersparen lassen, wird man bei der definitiven Anlage wahrscheinlich wieder auf Gleichstrom zurückgreifen, um ein leichteres Anlaufen zu ermöglichen und die Füglichkeit zu gewinnen, die Geschwindigkeiten nach Maßgabe der Anforderungen des Verkehrs innerhalb der zulässigen Grenzen erhöhen oder vermindern zu können.

In allem Übrigen wird die zur Ausführung endgültig bestimmte und teilweise bereits in Angriff genommene Stufenbahn der Pariser Weltausstellung dem Vorbild von Saint Ouen genau gleichen;

Abb. 58. Die Stufenbahn auf der Weltausstellung 1900.

sie wird vom *Quai d'Orsay* ausgehen, die *Rue Fabet* und sodann die *Avenue de la Motte Piquet* durchlaufen, um längs der *Avenue de la Bourdonnais* wieder zur Ausgangsstelle *Quai d'Orsay* zurückzukehren. Im Ganzen bildet die Bahn ein ungleichseitiges Viereck mit stark abgerundeten Ecken. Die Länge der Stufenbahn wird nahezu 3400 m erreichen und für die Zugförderung werden im ganzen 150 Elektromotoren vorhanden sein. Die erforderliche Energie soll von einem Elektrizitätswerk bezogen werden und zwar wahrscheinlich von jenem, welches die Orleansbahn soeben zu bauen im Begriff steht. Die Stufenbahn wird beiläufig in einer Höhe von 7 m auf einem aus Winkelblechen hergestellten Traggerüste errichtet, das auf hölzernen, in den Erdboden festgemachten Jochen liegt. Etwa an zehn Stellen wird dem Publikum der Zugang zum festen Bahnsteig durch breite Treppen ermöglicht werden. Da der feste Bahnsteig längs der ganzen Strecke vorhanden sein wird, so gewährt derselbe fortlaufend eine Reihe sehr interessanter Aussichtspunkte, welche die Fahrgäste zum Verweilen einladen, um die Sehenswürdigkeiten zu betrachten, die sich ihren Blicken auf der *Esplanade des Invalides*, an den Ufern der Seine und im linksseitigen Teile des Marsfeldes darbieten. Auch auf der 2 m breiten Fahrbahn wird es möglich sein, hin und her zu gehen, weil dieselbe nur in gewissen Abständen mit Stühlen und Sitzbänken versehen werden soll, wo die weniger gewandten oder ermüdeten Fahrgäste Platz nehmen können. Hingegen ist die erste schmale Stufe lediglich bestimmt, als beweglicher Bahnsteig das Betreten und Verlassen der Fahrbahn zu vermitteln. Über die riesige Leistungsfähigkeit dieser Stufenbahn lässt sich leicht Rechenschaft geben: Wird die Fahrgeschwindigkeit der Fahrbahn mit 8 km/h gewählt, so erfordert der volle Umlauf der 3400 m langen Strecke 25,5 Minuten; der zurückgelegte Weg beläuft sich sonach auf 2,2 m/s. Rechnet man pro laufenden Meter auf vier Fahrgäste, was in Anbetracht der außergewöhnlich großen Breite der Fahrbahn nicht für übertrieben gelten kann, so würden in der Stunde etwa 32 000 Personen an jedem Punkt vorüberkommen, vorausgesetzt, dass sie alle eine volle Umfahrt mitmachen. Letzteres wird aber im Hinblick der großen Streckenlänge wohl nur äußerst selten vorkommen; es kann vielmehr ohne weiteres vorausgesetzt werden, dass die Fahrgäste im Durchschnitt höchstens 2 – 2,5 km durchfahren, wodurch die mögliche Leistungsfähigkeit wieder um 40 – 30 % steigt. Die Beförderung von 50 000 Personen innerhalb einer Stunde und in Zeiten besonderen Andrangs – für welchen Fall man immerhin auf fünf Personen pro laufenden Meter rechnen dürfte – sogar von 60 000 Fahrgästen pro Stunde erscheint sonach keineswegs ausgeschlossen, und das bedeutet eine so außergewöhnlich hohe Leistung, wie sie sich mit keinem anderen Verkehrsmittel erreichen lassen würde. ❐

Eine neue Stufenbahn

DAS NEUE UNIVERSUM · 1900

Das System der Stufen- oder Plattformbahn, das heißt die Idee, mehrere bewegliche Plattformen nebeneinander
mit steigender Geschwindigkeit zu befördern, so dass man von einer auf die
andere treten und diese eigentümliche
Eisenbahn an jedem Punkt besteigen
und wieder verlassen kann, hat bisher
nur auf einigen Ausstellungen seine
Verwirklichung in beschränktem Maßstab gefunden. Auf der Pariser Weltausstellung von 1889, in Chicago im Jahr
1893, auf der Berliner Gewerbeausstellung 1896 konnte man sich von den Vor-
zügen und Nachteilen dieser Stufenbahnen überzeugen.

Auf der Ausstellung zu Berlin, wo die
endlose Bahn auf einem hohen Pfeiler-
gerüst in verschiedenen Schleifen den
sogenannten Vergnügungspark mit ›Alt-
Berlin‹ verband und sogar eine öffentliche Chaussee überschritt, bestand sie
aus zwei endlosen und in sich selbst zu-
rückkehrenden hölzernen Plattformen,
von denen die erste etwa die Geschwindigkeit eines Fußgängers besaß und am
Rande mit Pfosten besetzt war, die das
Aufsteigen erleichterten. Die zweite eine
Stufe höher liegende Plattform bewegte
sich mit der doppelten Geschwindigkeit,
war indessen von der ersten aus ebenso
leicht zu ersteigen. Beide Plattformen
liefen auf gesonderten Schienensträn-
gen und wurden elektrisch angetrieben.

Zur Bewegung der ganzen 400 m langen Bahn gebrauchte man 150 PS. Durch
eine solche Stufenbahn wurde nun auch
auf der diesjährigen Pariser Weltaus-

Abb. 59. Die Pariser Stufenbahn.

stellung wieder ein Teil des Verkehrs auf dem Ausstellungsplatz bewältigt. Wie unsere Abbildungen und besonders *Abb. 59* zeigen, handelt es sich auch hier wieder um eine Bahn mit einer festen und zwei beweglichen Plattformen, die auf einen eisernen Unterbau von

mit dem Unterbau durch zwei feste Gitterträger verbunden, die mittlere langsam bewegte Stufe stützt sich durch kleine Laufräder auf ein Schmalspurgleis.

Die breitere, links sichtbare und am schnellsten bewegbare Stufe ruht auf einem breiteren Schienenweg. Diese klei-

Abb. 60. Die beweglichen Plattformen der Pariser Stufenbahn.

2 – 2½ m Höhe verlegt sind. Die Gesamtausdehnung ist ein wenig größer als die der Berliner Stufenbahn, vor allem aber ist die Einrichtung zum Antrieb eine bedeutend einfachere als bei allen früheren Versuchen. Auch hier bewegt sich die untere von den beiden beweglichen Plattformen mit einer Geschwindigkeit von 4 km/h, und mit Hilfe der alle 6 m darauf befestigten sich mitbewegenden Pfosten ist es leicht, sie von der ruhenden unteren Plattform, die wir uns in *Abb. 60* entfernt denken, zu besteigen. Ebenso leicht ist es aber dann, von der 4 km/h-Stufe auf die höchste mit 8 km/h fortgleitende Plattform zu treten, da die Differenz zwischen der Geschwindigkeit beider wiederum nur 4 km/h oder ein mäßiges Fußgängertempo beträgt.

Abb. 61 lässt uns den Bewegungsmechanismus deutlich erkennen. Die ruhende Plattform auf der rechten Seite ist

nen Lauf- und Stützräder dienen indessen nicht dem Antrieb, vielmehr stützen sich beide Plattformen noch auf je eine dritte, fest mit ihnen verbundene Schiene *ED*, und diese Schienen liegen auf den Rollen *CB*. Die gemeinsame Achse dieser Rollen wird durch einen Elektromotor in Rotation gesetzt, und zwar so, dass der Umfang der kleineren Rolle *C* einen Weg von 1,1 m/sec, derjenige der doppelt so großen Rolle *B* also auch den doppelten Weg zurücklegt. Das entspricht einer stündlichen Bewegung von 4 km bzw. 8 km. Ein solches System von Motor und Antriebswelle liegt nun je in 25 m Entfernung unter den Tragschienen der Stufenbahn, so dass in Wirklichkeit 20 Motoren genügen, um die beiden 500 m langen Plattformen in un-

ausgesetzter Bewegung zu halten. Dass die Reibung zwischen den Antriebsrollen und den Stützen oder Trägern *E* und *D* wirklich genügt, um die Plattformen mitzunehmen, dafür sorgt die eigene Schwere der letzteren, welche durch die Belastung mit Menschen während des Betriebs noch vermehrt wird. Es ist vorauszusehen, dass Stufenbahnen dieses Systems bedeutend weniger Antriebskraft und Betriebskosten verursachen werden als die älteren Systeme, bei denen jeder kurze Abschnitt der Plattformen einen für sich ausgebildeten und angetriebenen Wagen bedeutete. ❏

Bewegliche Bürgersteige für New York

Harper's Weekly   *28.2.1903*

Die New Yorker Stadtverwaltung steht vor einem neuen Verkehrsproblem. Es geht darum, wie man die Manhattan-

Abb. 61. Antriebsvorrichtung der Pariser Stufenbahn.

Terminals der drei großen Brücken über den East River miteinander und mit der U-Bahn und der Hochbahn sowie mit den wichtigsten Verkehrslinien im Norden und Süden verbinden kann, damit der Verkehr von Brooklyn nach Manhattan ungehindert fließt. Die gegenwärtige Brooklyn Bridge muss entlastet werden und die kurz vor der Fertigstellung stehende Williamsburg Bridge und die sich im Bau befindliche Manhattan Bridge müssen einen Teil des Verkehrs übernehmen.

Es gab verschiedene Vorschläge für spezielle Untergrundbahn- und Hochbahnschleifen usw., die aber mit hohen Aufwendungen für neue Straßenöffnungen und Plätze verbunden sind, es fehlt aber ein Konzept, wie man diese

Brücken mit dem größten Nutzen für den Verkehr und zu den geringsten Kosten bauen kann.

Der neueste Vorschlag zur Lösung dieses Problems liegt jetzt dem *Board of Estimate* vor, der ihn an die Schnellverkehrs-Kommission weitergeleitet hat. Er ist im Volksmund unter der falschen Bezeichnung ›Bewegliche Bürgersteige‹ bekannt. In Wirklichkeit handelt es sich um ein System mit beweglichen Platt-

Im Allgemeinen besteht der Plan darin, in Bowling Green, am unteren Ende von New York, zu starten und diesen durchgehenden Zug in einer Unterführung unter ausgewählten Straßen bis zur Williamsburg Bridge zu führen, die überquert wird, wobei die beweglichen Plattformen auf derselben Strecke nach Bowling Green zurückkehren. Dies ist eine Entfernung von insgesamt 9,6 km, und es gibt derzeit keine zufriedenstel-

Abb. 62. Unterirdische bewegliche Bürgersteige in New York.

formen oder durchgehenden Zügen. Männer wie Cornelius Vanderbilt, Stuyvesant Fish, E. P. Ripley und andere sind an dem neuen Plan interessiert, und die Ingenieure halten ihn nicht nur für machbar, sondern auch für äußerst wirtschaftlich. Die bewegliche Plattform ist einfach die Verbesserung der endlosen Bahnen, die auf den Ausstellungen in Chicago und Paris in Betrieb waren und die Millionen von Menschen mit hoher Geschwindigkeit und komfortabel ohne Unfall beförderten.

lenden Transportmöglichkeiten für die vielen Bewohner dieser großen Region auf der Ostseite von Manhattan sowie der überfüllten Region Williamsburg.

In Bowling Green würden die Züge am Bahnsteig mit dem Tunnel nach Brooklyn verbunden. Sie würden die Pearl und William Street bis zur Centre Street hinauffahren und dort Anschluss an die derzeitige Brooklyn Bridge und Third Avenue Elevated Railroad haben. Sie würden durch die Canal Street zur Bowery fahren und dort den Ausgang der neuen Manhattan Bridge berühren. Über die Delancey Street würden sie die Williamsburg Bridge erreichen und überqueren. Sie würde auch mit allen führenden Buslinien auf der East Side verbunden werden.

Der Plan sieht vor, unter diesen Straßen eine 7,5 – 9 m breite Untergrundbahn zu bauen. Die Bahnhöfe werden alle zwei Blocks angelegt. Die durchgehenden Züge sind einfache flache Plattformen mit Sitzen auf der einen und einem Zwischenraum auf der anderen Seite, so dass man seine Geschwindigkeit durch Gehen beschleunigen kann, wenn man möchte. Es wird nicht mehr Stau geben als auf dem Bürgersteig einer normalen Straße, da es keine Wartezeiten auf Züge gibt. Es gibt keine schweren Lokomotiven oder Motoren, die gezogen werden müssen, und keine Unterbringung für die Wagen. Der Tunnel wird beleuchtet und im Winter auch mäßig beheizt sein. Der Plan sieht vor, in der Hauptverkehrszeit einen Cent und in den übrigen Zeiten zwei Cent für die Durchfahrt zu verlangen. Für den großen Zug werden etwa 10 600 Wagen oder Plattformen benötigt, die in einer Schleife miteinander verbunden sind.

Die Methode zum Betrieb dieser Plattformen ist bekannt. Es gibt zwei so genannte ›Trittbahnsteige‹, die neben dem festen Bahnsteig verlaufen. Der Fahrgast betritt den ersten Trittbahnsteig, der sich mit einer Geschwindigkeit von 4,5 km/h bewegt. Anschließend steigt er auf einen zweiten Trittbahnsteig mit einer Geschwindigkeit von 9 km/h. Von dort steigt er in den Zug mit einer Geschwindigkeit von 13,5 km/h, wo er einen Sitzplatz findet. Diese Sitze bieten Platz für, sagen wir, vier Personen und sind 90 cm voneinander entfernt. Um aus dem Zug auszusteigen, geht der

Fahrgast einfach von einem Trittbahnsteig zu einem anderen mit abnehmender Geschwindigkeit und steigt schließlich an seinem Bahnhof aus.

Die Beförderungskapazität ist sehr flexibel, und die Betriebskosten werden als viel niedriger als bei der üblichen Art des städtischen Nahverkehrs angegeben. Es wird geschätzt, dass mit dem geplanten System, das den städtischen Behörden vorliegt, nicht weniger als 50 000 Fahrgäste mit Sitzplätzen bei einer Geschwindigkeit von 13,5 km/h befördert werden könnten. ❑

Die Stufenbahn als Straßenverkehrsmittel

DIE BAUTECHNIK 3.4.1925

Die Stufenbahn (›trottoir roulant‹) als Straßenverkehrsmittel bildet den Gegenstand eines Vorschlags zur Beseitigung zunehmender Verkehrsnöte im Geschäftsviertel in Atlanta (USA). Es handelt sich dabei um zwei Strecken der Peachtree-Whitehall Street und der Marietta-Edgewood Street von zusam-

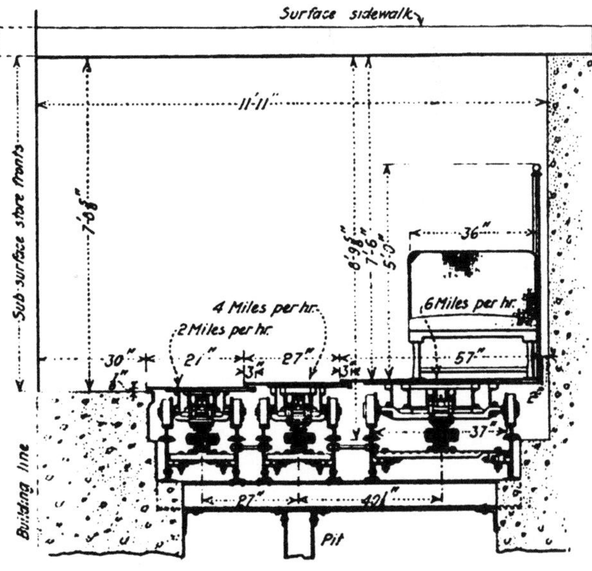

Abb. 63. Schnitt der geplanten Stufenbahn in Atlanta.

men etwa 1600 m Länge mit besonders starkem Fußgängerverkehr. Wie aus den Abbildungen ersichtlich, ist die Bahn als ein dreifaches Förderband gedacht, dessen einzelne Streifen in bekannter Weise sich verschieden schnell derge-

stalt bewegen, dass der neben dem festen Bürgersteig befindliche Streifen mit 3,2 km/h, der mittlere mit 6,4 km/h und der äußerste mit 9,6 km/h läuft.

Der vom festen Fußweg nach dem mit Sitzbänken ausgestatteten äußersten Hauptförderstreifen strebende Fußgänger vergrößert also allmählich seine Fördergeschwindigkeit von 0 auf 9,6 km/h. Die ganze Anlage ist etwa 2,2 – 2,5 m unter Straßenoberkante gedacht, und zwar – in beiden Richtungen – auf jeder Seite des Fahrdamms; das angegebene Maß von etwa 3,6 m Gesamtbreite wird bei der Darstellung *Abb. 64* allerdings offenbar überschritten. Nach *Abb. 63* ruht jeder Streifen auf einer Reihe kleiner Förderwagen, deren Räder auf miteinander fest verbundenen Schienen laufen und deren sich 7,5 cm überdeckende Plattformen aus Riffelblech mit Asphaltauflage bestehen. Als Antrieb soll ein elektrisch bewegtes Zahnstangengetriebe dienen. Die Kosten der Anlage, die bei der vorstehend

Abb. 64. Schaubild der geplanten Stufenbahn.

angegebenen – ohne Schwierigkeit um 50% steigerungsfähigen – Geschwindigkeit stündlich 23 600 Personen befördern kann, sind mit ungefähr 20% der eines an der gleichen Stelle anzulegenden viergleisigen Straßenbahntunnels veranschlagt.

Gleitbahnen

Abb. 65. Die Gleitbahn auf der Pariser Weltausstellung 1900.

Hydraulische Gleitbahn

System Girard

PROMETHEUS • 1889

Auf der Esplanade der Invaliden in Paris ist vor kurzem versuchsweise eine Eisenbahnlinie in der Länge von 150 m erbaut und in Betrieb gesetzt worden, welche dadurch von allen bisher bekannten Systemen abweicht, dass die Wagen ganz ohne Räder sind.

Zwar war der Hydrauliker L. D. Girard schon im Jahr 1854 auf den Gedanken gekommen, um die Reibung der Räder zu umgehen, die Wagen auf einer schmalen Wasserbahn durch Druck fortzubewegen, doch blieb es bei diesem ersten Versuch.

Seine früheren Mitarbeiter haben aber jetzt die Idee wieder aufgenommen und von neuem den Versuch gemacht, doch muss er sich erst bewähren, bevor sich ein Urteil über den Wert der Erfindung abgeben lässt. Immerhin ist die Idee dieser Anlage originell genug, um schon jetzt unser Interesse in Anspruch zu nehmen.

Die Idee, welche die Erbauer leitete, besteht wie gesagt darin, die Lokomotive sowohl wie die Räder durch Anwendung von Wasser entbehrlich zu machen. Der Zug enthält einen Betriebs- und vier Personenwagen. Jeder von ihnen ruht auf sechs rechteckigen Sohlen, welche im Inneren hohl und mit einer Reihe enger Nuten versehen sind. Diese Sohlen ruhen auf zwei breiten, platten Schienen, die das Gleis bilden. Um nun die Reibung der Sohlen auf den Schienen zu überwinden, wird, ehe sich der Zug in Bewegung setzt, Wasser unter jede Sohle geleitet, welches aus dem im vordersten Wagen angebrachten Reservoir zugeführt und mit Hilfe von komprimierter Luft, die sich in einem zweiten Reservoir daselbst befindet, beständig unter Druck gehalten wird. Dieses Wasser findet nun keinen anderen Ausweg als nach der Höhe, und da es unter allen Sohlen gleichzeitig einfließt, muss sich der ganze Zug notwendigerweise heben, er beginnt zu schwimmen und steht gewissermaßen auf einer Reihe ganz dünner Wasserkissen. Die Reibung ist außerordentlich verringert. Das Verhältnis ist ähnlich, wie es beim Schlittschuhlaufen eintritt, bei welchem ebenfalls durch die Reibung eine dünne Schicht Eis zu Wasser verflüssigt und als Schmiermittel zwischen den Schlittschuh und das Eis gelegt wird.

Als Fortbewegungsmechanismus dient ein System von Schaufeln, welche an allen Wagen angebracht sind und ein auf die ganze Länge des Zuges wirkendes Triebwerk bilden. Auf der Strecke sind in gewissen Abständen Wasserzuflüsse angebracht, welche sich im Moment, in dem der Zug sie passiert, öffnen und dann wieder schließen. Ohne auf die Einzelheiten des Mechanismus eingehen zu wollen, können wir denselben einer sehr langen geradlinigen Turbine vergleichen, deren beweglicher Teil sich in der Richtung der Gleise vorschiebt und nacheinander alle Zuflüsse passiert. Der eigentliche Betriebsmechanismus ist also völlig stabil und die Triebkraft wird von außen auf den Zug übertragen. Zu diesem Zweck läuft eine Hauptwasserleitung unter der ganzen Länge der Strecke und speist in regelmäßiger Folge die Ausflussöffnungen, welche sich selbsttätig wieder schließen, sobald der Zug vorübergefahren ist. Der ganze Mechanismus sowohl an den Wagen als auf der Strecke ist in entgegengesetzter Anordnung doppelt vorhanden und ermöglicht somit dem Zuge sich beliebig vor- oder rückwärts zu bewegen,

Dieses ist, in großen Zügen, das System Girard, dem sein Nachfolger Barre noch mannigfache Verbesserungen hinzugefügt hat. Die Vorzüge des Systems sind mancherlei; vor allen sind die unangenehmen Erschütterungen und das Schwanken der Wagen beseitigt, der Zug gleitet so ruhig dahin wie ein Schlitten auf dem Eis, er macht kein Geräusch, lässt sich leicht bremsen und anhalten und verursacht weder Rauch noch Staub; das Schmieren fällt fort, ebenso die Unterhaltungskosten für Räder, Reifen und Puffer; die Betriebskosten sind gering, und, wenn man den Zeitungsberichten Glauben schenken darf, ist die Möglichkeit geboten, eine große Fahrgeschwindigkeit zu erzielen, die sich bis auf 200 km/h belaufen soll.

Die hydraulische Gleitbahn und namentlich das bei derselben angewandte Prinzip der Reibungsüberwindung würde, wenn es sich überhaupt bewährt, sich vornehmlich für bergige Gegenden mit reichen natürlichen Wassergefällen eignen, welche der Anlage gewöhnlicher Eisenbahnen wegen zu großer Steigun-

Abb. 66. Hydraulische Gleitbahn.

gen Schwierigkeiten bereiten; ferner an Stelle der Drahtseilbahnen, welche vielfachen Unfällen ausgesetzt sind, für große Massentransporte, für ober- und unterirdische Stadteisenbahnen, bei denen Rauch und Lärm vermieden werden soll u. a. m. ❐

Die Gleiteisenbahn auf der Pariser Weltausstellung

ZENTRALBLATT DER BAUVERWALTUNG 21.12.1889

Im folgenden soll eine Anlage der Weltausstellung beschrieben werden, deren Hauptverdienst ihre vollständige Neuheit ist: die Gleiteisenbahn. Wiewohl in einem verlorenen Winkel der Weltausstellung, auf der Esplanade der Invaliden, versteckt hinter den Pavillons von Algier und Tunis, am Umgrenzungszaun entlang ausgeführt, hat die Gleiteisenbahn die Aufmerksamkeit der Ausstellungsbesucher dauernd auf sich zu ziehen vermocht. Diese Anlage ist freilich nur insofern etwas ganz neues, als die älteren, ähnlichen, seit 1862 zwischen Rueil und Bougival bei Paris angestellten Versuche, welche durch den Krieg von 1870 unterbrochen wurden, nach dem Tod des Erfinders in Vergessenheit geraten waren.

Bereits 1854 hatte der als Erfinder einer Turbinenart bekannte Mechaniker Girard den Gedanken gefasst, einen Wagen auf Eisenschienen dadurch leicht und schnell beweglich zu machen, dass die Reibung der schuhartigen Stützen des Wagens durch eine zwischen Schuh und Schiene gebrachte dünne Schicht von Druckwasser fast vollständig aufgehoben wird. Der Wagen schwimmt oder schwebt gewissermaßen auf einem entsprechend stark gepressten Gemisch von Wasser und Luft. Auf Anregung eines der Mitarbeiter Girards, des Mechanikers Barre, ist die vorgenannte, auf diesem Grundgedanken beruhende Gleiteisenbahn, allerdings nur in 150 m Länge, auf der Weltausstellung zur Ausführung gekommen, wo sie gegen Eintrittsgeld im Betrieb gezeigt wurde. Sie war geradlinig und hatte an jedem Ende eine Steigung von 48 mm auf den Meter (1:21). Die Fahrtdauer auf die ganze Länge betrug ½ Minute. Der Erbauer Barre beschreibt die Gleiteisenbahn in einer kleinen Schrift ›*Notice sur le chemin de fer glissant à propulsion hydraulique système L. D. Girard*‹, welcher die nachstehenden Angaben zum Teil entnommen sind.

Die Wagen ruhen auf den Stützen *tt* und diese vermittelst Schuhen auf 0,22 m breiten U-Schienen *u u (Abb. 67).* In der Einrichtung des die Reibung verhindernden Schuhs, *Abb. 68,* liegt das wesentliche der Erfindung. Der Schuh bildet über der Schiene einen dicht umschlossenen vierseitigen Hohlkörper, in welchen das gepresste Wasser durch die Öffnung ss_1 vermittelst der Leitungsröhren *RR (Abb. 67)* eingeführt wird und dort die Luft zusammendrückt. Die aufeinanderfolgenden Rillen in der Auflagerfläche des Schuhs bewirken eine Geschwindigkeitsverminderung des ausquellenden Wassers. Die Größe des inneren Hohlraums ist 35 / 13 cm, die ganze Fläche des Schuhs mit den Rillen 44 / 22 cm. Druckwasser und Pressluft heben den Schuh sehr wenig an, so dass der Wagen fast ohne Reibung schwebt und mithin einem geringen Anstoß folgt. In der *Abb. 67* sieht man auch die oberen Teile von vier Ansätzen *EE,* durch welche der Schuh am seitlichen Herabgleiten von den Schienen gehindert wird. Versuche haben gezeigt, dass ein solcher Schuh, belastet mit 1060 kg einschließlich seines Eigengewichts, bei einer Spannung von Luft und Wasser in seinem Hohlraum von 1,8 Atmosphären, angehoben wurde, wobei sekündlich 0,963 l Wasser ausfloss und die Reibung in der Bewegung 0,5 kg, also 1 / 2120 der Last war. Zur vollen Druckwirkung ist eine Fläche des Schuhs gekommen von 589 cm², da der Druck einer Atmosphäre 1 kg/cm² beträgt. Die Hohlraumfläche ist 455 cm² und die Gesamtfläche des Schuhs 968 cm².

Da der Schuh nicht vollkommen luftdicht auf der Schiene haftet, so ist der äußere Luftdruck beiderseits aufgehoben.

Abb. 67. Gleitbahn auf der Weltausstellung.

Bei Gleiteisenbahn-Zügen wird die Reibung wesentlich größer als vorbemerkt, und zwar zu 1 kg für die Tonne, also auf 1:1000 angenommen, d.h. immer nur zu 20% der für rollende Bahnzüge gewöhnlich angenommenen Reibung von 1:200. Bei dem genannten Innendruck von 1,8 Atm. im Schuh würde ein vierschuhiger Wagen von 4 × 1060 kg = 4240 kg Gesamtgewicht angehoben werden. Das Eigengewicht eines Wagens ist 2500 kg, es bleiben also für die Belastung 1740 kg, oder das Gewicht von 25 erwachsenen Personen.

Die Schienenstöße werden mit Kautschukwürsten gedichtet. Das Druckwasser befindet sich unter Pressluft in einem Tenderwagen vorne am Zug.

Die Fortbewegung des Bahnzuges geschieht ebenfalls durch Druckwasser. In gewissen Abständen ragen innerhalb des Gleises Ausflussansätze A aus einer unter dem Gleis auf dessen ganze Länge angeordneten, von eingeschalteten Windkesseln W, häufig erweiterten Druckrohrleitung D empor, wie die Gesamtansicht in *Abb. 67* zeigt.

Jeder der erwähnten Ausflussansätze entsendet einen waagerechten Wasserstrahl gegen eine unter dem Zug fortlaufende Stoßschaufelstange T. Die Stoßschaufeln sind in *Abb. 67* bei SS_1 zu sehen. Der Vorgang erinnert an die Bewegung der Turbinenräder, weshalb die Stange auch als geradlinige Turbine bezeichnet wird.

Das Öffnen und Schließen der Ausflussansätze erfolgt selbstwirkend durch den laufenden Bahnzug. Für jede Fahrtrichtung ist eine besondere Reihe solcher Ausflussansätze und demgemäß die Ausbildung der Triebstange gewissermaßen als Doppelturbine notwendig (SS bzw. S_1S_1). Es müssen mindestens so viel Ausflussansätze vorhanden sein,

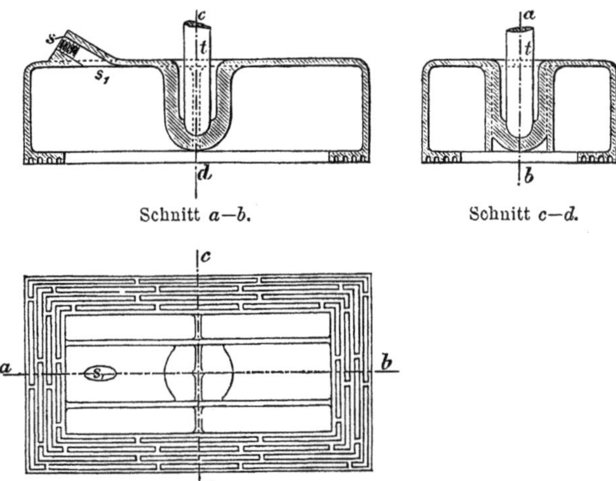

Abb. 68. Einrichtung des die Reibung verhindernden Schuhs.

dass der Zug auf einen folgenden trifft, wenn er den vorhergehenden verlässt. Beim Betrieb einer solchen Gleiteisenbahn ist also eine geringste Zuglänge im Zusammenhang mit einem bestimmten Abstand der Ansätze festzusetzen. Wäre z. B. die geringste Zuglänge 100 m, so müsste alle 99 m ein Ausflussansatz für jede Fahrtrichtung vorhanden sein. Alle Züge würden, von derselben treibenden Kraft bewegt, mit gleicher Geschwindigkeit laufen.

Alles entweichende Wasser ist zu sammeln und den Druckpumpen zuzuleiten, welche es wieder in die Leitung pressen. Dies macht außer der Anordnung besonderer Auffangvorrichtungen FF gegenüber den Ausflussansätzen AA und besonderer Blechschirme BB neben den Schuhen, einen fortlaufenden Sammeltrog M und zwei Sammelrinnen N oder eine fortlaufende Betonierung des Bahnkörpers notwendig. Gegen das Gefrieren des Wassers wird eine Beimischung von 20% Glycerin in Vorschlag gebracht. Zum Bremsen braucht man nur das Druckwasser vom Schuh abzusperren, was natürlich augenblicklich sehr starke Reibung nach sich zieht. Dieser von selbst gegebenen ureinfachen starken Bremsung dürfte als Nachteil gegenüber stehen, dass beim zufälligen Versagen des Wasser-Mechanismus der Zug auch gleich gründlich festliegen würde. Außer dieser sicheren Bremsung sind offenbare Vorteile der Gleiteisenbahn: Sehr angenehmes Fahren, ähnlich wie im Schlitten, keine Erschütterung und Schwankung, kein Staub, kein Rauch, kein Dampf, kein Geräusch, kein Schmieren, keine Achsen und Räder und daher leichte Fahrzeuge, feststehende Maschinen für die Druckpumpen anstatt mitlaufender Lokomotiven, kein Bettungsmaterial des Oberbaues wegen des Wegfalls aller Erschütterungen, was den Nachteil der vorerwähnten fortlaufenden Betonierung des Bahnkörpers ausgleicht.

Die Anlage von Weichen soll keine Schwierigkeiten machen, wenn die Schienen mit T-Eisen armiert werden. Zufällige sehr starke Steigungen, 45 mm/m (1 : 22) und darüber würden keine Belästigungen des Bahnbetriebs nach sich ziehen, weil man auf solcher Steigung die Stoßkraft durch Vermehrung der Ausflussansätze und Vergrößerung der Ausflussöffnungen steigern kann, wo dann bloß die Wagen entsprechend größere Stoßschaufeln haben müssten. Scharfe Bahnkrümmungen, von 40 m Halbmesser z. B., würden keine Schwierigkeiten machen, weil man bei der gleichen Geschwindigkeit aller Bahnzüge die Überhöhung der äußern Schiene danach einrichten kann. Wollte man die Pressung in der Leitung bis auf 22 Atmosphären steigern, so sollen auf waagerechter Bahn Geschwindigkeiten von nicht weniger als 200 km/h erreichbar sein. Das Wasser steht dann unter einem Druck von 220 m Wassersäule,

was allerdings auf eine Ausflussgeschwindigkeit aus den Ausflussansätzen von 201 km/h führt. Um das Anfahren zu erleichtern, müssten die Bahnhöfe sämtlich aufgehöht liegen. Die beiden Enden der Probebahn auf der Weltausstellung liegen aus diesem Grund auch höher als der mittlere Teil der Bahn. Dadurch erscheint diese Anlage bloß als eine Art Rutschbahn, auf welcher der aus den Ausflussansätzen kommende Wasserstrahl stark genug ist, um den Wagen wieder auf seine anfängliche Höhe zu treiben. Offenbar kann aus einem so kleinlichen Versuch noch kein Schluss auf die praktische Verwertbarkeit der Gleiteisenbahn gezogen werden.

Für Drahtseilbahnen im Gebirge, wo die Kraft für die Fortbewegung die bisherige, also gewöhnlich eine das Seil treibende Dampfmaschine, bleiben würde, und wo hoch herabkommendes Wasser oft zu haben ist, dürfte der Ersatz der Räder durch den. Druckwasser-Gleitschuh wirkliche Vorteile bieten. Die Reibungswiderstände verschwinden fast ganz, so dass nur noch die Last zu heben bleibt, und letztere ist leichter als bei Wagen auf Rädern. Reißt das Kabel, so würde durch bloße Absperrung des Druckwassers ein sofortiges Halten des Wagens auf Steigungen bis zum Reibungswinkel des Eisens auf Eisen, also 440 mm/m (1 : 2,27) erfolgen.

Überhaupt werden, besonders hinsichtlich der Brauchbarkeit des Druckwassers als Kraft zur Fortbewegung, weitere Versuche in größerem Maßstab abzuwarten sein. Sollten dieselben die erwähnten, bisher doch nur theoretischen Vorzüge der Gleiteisenbahn im Wesentlichen praktisch bestätigen, so leuchtet ohne weiteres ein, wie vortrefflich die Gleiteisenbahn im Besonderen für Stadtbahnen sein würde. • *Pescheck*

Einschienenbahnen

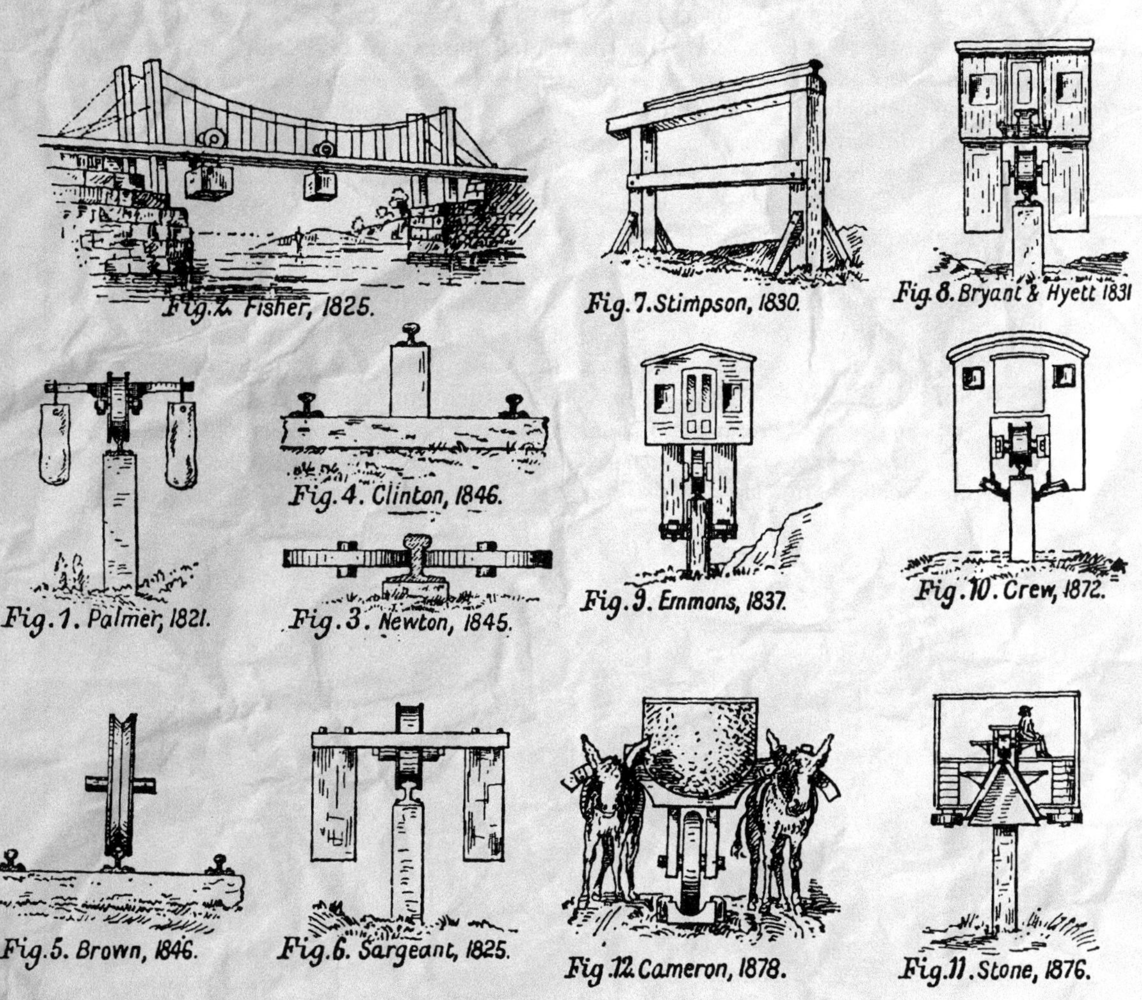

Abb. 69. Einschienenbahn-Systeme 1821 – 1878.

Die Luft-Eisenbahn zu Lyon

Das Buch für Alle　　　　　　　　　　　*1873*

Die große Gewerbe-Ausstellung, welche im Frühjahr 1872 im Park de Téte d'or zu Lyon eröffnet wurde, hat zur praktischen Erprobung eines neuen Eisenbahnsystems Veranlassung gegeben, welches in unmittelbare Verbindung mit dieser Ausstellung gebracht wurde und gleichsam einen Teil derselben bildet, nämlich der sogenannten Luft-Eisenbahn. Der Park, worin die Ausstellungsgebäude liegen, ist etwas entfernt von dem gewerblichen und Verkehrszentrum von Lyon, und man hat daher zur Erleichterung der Verbindung zwischen der Stadt und der Ausstellung von der Morand-Brücke aus die Eisenbahn angelegt, von welcher unser Bild eine Ansicht gibt. Der *Park der Tete d'or*, für die Lyoner eine Art Boulogner Gehölz, liegt an der Nordostseite der Stadt am linken Ufer der Rhone, etwa 20 Minuten von der Stadt entfernt, und ist in der Tat einer der schönsten Stadtparks, die man sehen kann. Die Eisenbahn, welche von der zweiten Rhonebrücke, der Morand-Brücke, zu ihm hinausgeleitet wurde, fand von der *Place Louis XVI.* an das ganz ebene Kai vor, das den Stadtteil Les Brotteaux vom Rhone trennt.

Die Eisenbahn verläuft auf Schienen, welche zu beiden Seiten eines horizontalen unteren Tragbalkens angebracht sind, und über Drähte und Rollen, die an dem oberen Tragbalken verlaufen. Der Waggon ist ein Kasten mit drei Abteilungen, deren beide äußere je eine Reihe Sitze enthalten; in der mittleren Abteilung befinden sich vier Räder mit Achsen, welche auf der Schiene der Oberseite des oberen Tragbalkens laufen und den Waggon tragen. Die bewegende Kraft ist eine stehende Dampfmaschine mit einem Drahtseil, welches von der einen Trommel sich ab- und auf der anderen sich aufwickelt und den oder die Wagen hin und her befördert. Auch auf dem Verdeck des Waggons sind Sitzplätze angebracht, welche allfällig benützt werden können. Dieses Eisenbahnsystem ist nichts Neues, son-

Abb. 70. Die neue Luft-Eisenbahn an der Morand-Brücke in Lyon.

dern die Verbesserung jener sogenannten schwebenden Bahnen, welche in England und Wales schon seit längerer Zeit in verschiedenen Bergwerken und Steinbrüchen bestehen, die wir aber hier zum ersten Male zur Beförderung von Personen angewendet sehen. Für kurze Strecken und mäßige Frequenz scheint dieses System auch seinen Zweck vollkommen zu erfüllen.   • *O. M.*

Straßenbahn mit senkrechter Spur

DAHEIM   19.4.1890

Die Frage der in Europa allzu lange vernachlässigten Anwendung der elektrischen Kraft auf den Straßenbahnbetrieb scheint in ein neues Stadium zu treten. Die bekannte Firma Ganz & Co. ist in Budapest mit einem völlig neuen System hervorgetreten, welches sie als Straßenbahn mit senkrechter Spur (System Zipernowsky) bezeichnet und das hauptsächlich auch auf den elektrischen Betrieb zugeschnitten ist.

Die Zipernowskysche Bahn stellt das bisherige Gleis im wörtlichsten Sinne auf den Kopf: von der ganz richtigen Erwägung ausgehend, dass die gewöhnliche Spur im Niveau der Straßenzüge unverhältnismäßig viel Raum fortnimmt und im Bau (Straßenpflasterung auf fast 3 m Breite), wie in der Unterhaltung sehr hohe Kosten verursacht, dass sie in engen Straßen oft unmöglich erscheint, ordnet der Erfinder in wirklich origineller Weise die beiden Schienen nicht neben-, sondern untereinander an. Die obere Schiene – eine doppelte Schlitzschiene – liegt im Niveau der Straße, die untere in einem gemauerten Kanal unterhalb des Straßenpflasters; auf der oberen Schiene laufen die das Wagengewicht tragenden Räder, während von den Wagen aus feste Arme in den Kanal hinabreichen, die sich mittelst Führungsrollen gegen das auf beiden Seiten des Kanals angebrachte untere Schienenpaar stützen und so dem Wagen die erforderliche Stabilität verleihen. Ich glaube auf die Konstruktion lässt sich das Wort Ben Akibas: *»Nichts Neues unter der Sonne!«* in der Tat nicht anwenden. Die *Abb. 71* macht das jedenfalls sehr interessante System ohne weiteres verständlich: der Wagenkasten *K* mit seinem Rahmen *R* ruht mittelst der Querträger auf den schief gestellten Laufrädern *L*. und

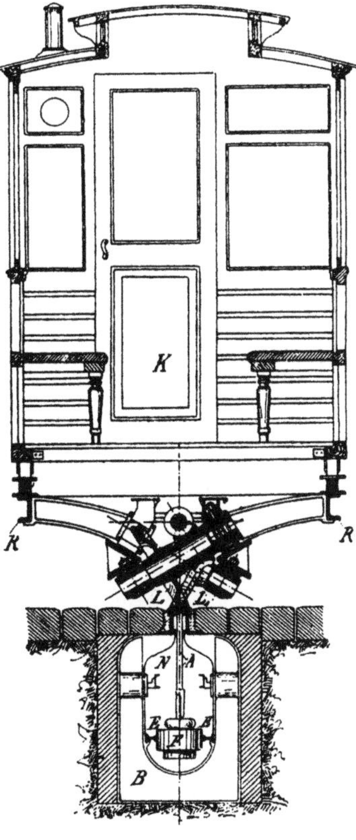

Abb. 71.

diese wieder auf der Doppelschiene. Unter dieser befindet sich der Kanal *N*, in den die mit dem Wagengestell starr verbundenen Arme hineinreichen, um hier durch die Rolle *F* an den Führungsschienen *E* Halt zu finden. Der Kanal ist zugleich zur Aufnahme der elektrischen Zuführungsleitungen bestimmt.

Unbestreitbar hat der Gedanke, welcher der Zipernowskyschen Bahn zu Grunde liegt, viel für sich, jede Entlastung unserer verkehrsreichen Straßen ist ja mit Freude zu begrüßen. Es fragt sich nur, ob die Führung des Wagens zwischen den unteren Schienen wirklich dauernd die Stabilität des Wagens verbürgt, und dies müssen erst Versuche im größeren Maßstabe lehren.   • *v. Sp.*

Eine eigenartige Stadtbahn

Die Gartenlaube 1886

Für die Bewohner der Riesenstädte der Neuzeit bildet eine rasche und zugleich wohlfeile Beförderung von einem Punkte der Stadt zum andern eine Lebensfrage. Man hat dem Bedürfnisse auch überall zu entsprechen gesucht, und es erfreuen sich jetzt alle größeren Orte eines Pferdebahnnetzes, welches anfangs den gesteigerten Ansprüchen zu genügen schien. Doch stellte es sich in den Weltstädten bald heraus, dass das Fahren auf diesen Bahnen zu viel von der kostbaren Zeit verschlingt und dass sie den ohnehin schwierigen Verkehr der gewöhnlichen Fuhrwerke erheblich beeinträchtigen, weil sie den größten Teil des Fahrdammes einnehmen.

Es haben unter diesen Verhältnissen einsichtige Männer, unter denen Dr. Werner Siemens, die erste Stelle einnimmt, längst erkannt, dass die Lösung der Frage der weltstädtischen Verkehrsmittel weniger im Ausbau des Pferdebahnnetzes als in der Schaffung einer zweiten Verkehrs-Etage, eines zweiten erhöhten Fahrdammes liegt,

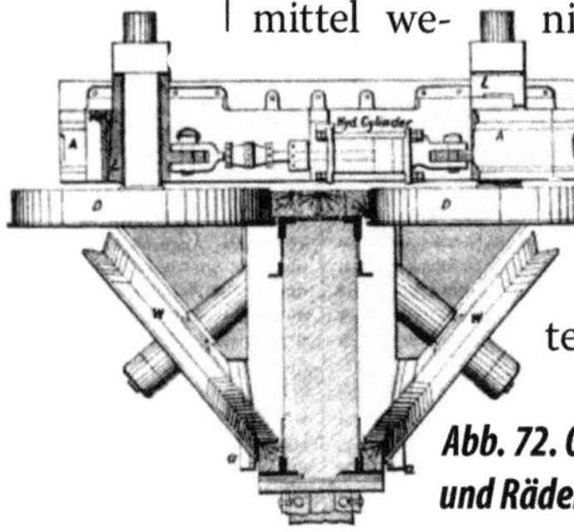

Abb. 72. Oberer Teil des Bahnkörpers und Rädergestell der Lokomotive.

welcher den unteren Damm entlastet und, weil hier auf entgegenkommende Wagen keine Rücksicht zu nehmen ist, eine angemessene Geschwindigkeit der sich darauf bewegenden Fahrzeuge gestattet. Es gilt keiner als Prophet im eigenen Lande, und so war es dem eben genannten großen Forscher und Industriellen nicht vergönnt, bisher seine Lieblingsidee leichter und wohlfeiler

elektrischer Hochbahnen im Zuge der Hauptverkehrsader der Großstädte zu verwirklichen. Die in Berlin und London gebauten Stadtbahnen verwirklichen nämlich das Ideal in keiner Weise. Die Stadtbahn der Reichshauptstadt ist eine viergleisige Riesenanlage, die mehr eine Verlängerung der Außenbahnen bildet und obendrein eine wichtige strategische Rolle spielt. Überdies hält sie sich meist von den verkehrsreicheren Stadtgegenden fern. Die Londoner Bahnen aber sind unterirdisch angelegt, ungemein kostspielig gewesen und können ebenso wenig wie die Berliner die Pferdebahn und den Omnibus entbehrlich machen.

Zweckentsprechender sind allerdings die New Yorker Stadtbahnen. Sie liegen im Zuge der Straßen selbst und wurden nicht durch den Ankauf von Grund und Boden übermäßig verteuert. Ihnen blieb jedoch der Vorwurf nicht erspart, dass sie, weil zweigleisig und nach der alten Schablone angelegt, vom Straßendamm ein zu großes Stück in Anspruch nehmen und den Anwohnern Luft und Licht entziehen. Wohl zum Teil aus diesem Grund wurde das Stadtbahnsystem des Bostoner Ingenieurs Meigs in den Vereinigten Staaten günstig aufgenommen. Nachdem das berühmte Franklin Institut in Philadelphia sich zustimmend geäußert hatte, wurde Meigs die Erlaubnis zum Bau eines Netzes von solchen Bahnen erteilt, welches sämtliche Stadtteile seiner Vaterstadt mit dem Verkehrsmittelpunkt und untereinander verbinden soll.

Die Abbildung eines Zuges der ersten Probestrecke der Meigsschen Hochbahn spricht für sich selbst *(Abb. 73)*.

Was zunächst den Unterbau anbelangt, so springen die Vorteile desselben in die Augen. Er nimmt vom Stra-

Abb. 73. Hochbahn nach dem Meigsschen System.

ßendamm nicht viel mehr Raum ein, als etwa eine Telegrafenlinie; er verunstaltet die Straße nicht allzu sehr, schmiegt sich den Unebenheiten des Bodens trefflich an und kann unmöglich sehr kostspielig sein. Nicht minder sinnreich sind die Wagen und Lokomotiven gebaut, deren äußere Gestalt allerdings ein künstlerisches Auge nicht gerade ansprechen möchte. Wenn Meigs aber die Walzenform für seine Fahrzeuge wählte, so geschah es deshalb, weil diese der Luft den geringsten Widerstand bietet. Eigentümlicher noch sind die Radgestelle. Die Anwendung von zwei Schienen, die aber *übereinander* liegen, bedingte die schräge Lage der Laufräder an Wagen und Maschine. Letztere ist aber außerdem, wie aus der Abbildung deutlich hervorgeht, mit *waagerechten* Triebrädern versehen, welche sich an die obere Schiene anschmiegen und mit den Dampfzylindern in üblicher Weise verkuppelt sind. Der Zug bewegt sich also auf ebenen Strecken lediglich durch die Druckkraft dieser Triebräder auf die Seite der oberen Schiene. Sobald es aber bergauf oder bergab geht, hat diese Schiene die Gestalt einer doppelten Zahnstange, wie sie bei Alpenbahnen üblich ist und in welche besondere, auf unserer Abbildung nicht sichtbare, gezahnte Triebräder eingreifen. Dass eine Entgleisung der Meigsschen Züge geradezu unmöglich ist, und dass sie sehr scharfe Krümmungen befahren können, leuchtet dem Leser sicherlich gleich ein. ❐

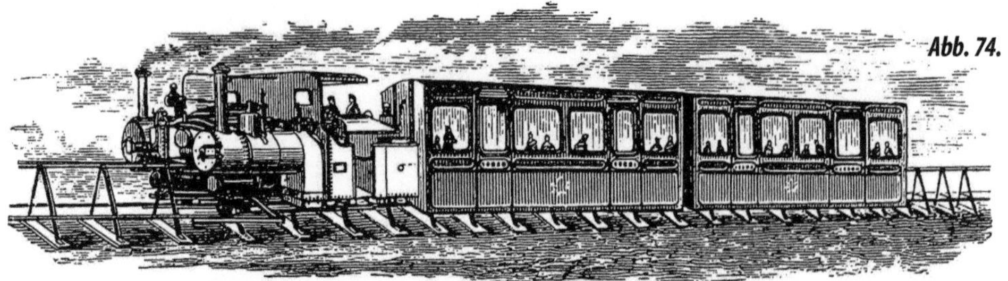

Die Lartigueschen einschienigen Eisenbahnen

ZENTRALBLATT DER BAUVERWALTUNG • 15.6.1889

Die Bahnen mit einer einzigen auf Pfosten oder Bockgestellen gelagerten Fahrschiene wurden lange Zeit als Spielerei betrachtet, haben aber in jüngster Zeit einige Erfolge aufzuweisen, die es rechtfertigen, wenn dem System mehr Aufmerksamkeit geschenkt wird. Vorläufer der Lartigueschen Bahnen finden sich in *Abb. 69.*

Die erste einschienige Bahn wurde 1821 von Henry Robinson Palmer konstruiert. Eine fortlaufende Schiene war auf hölzernen Balken befestigt, die durch eine Reihe von Pfosten unterstützt waren. 1876 stellte der General Le Roy Stone in Philadelphia eine Bahn im Betrieb aus, welche auf Pfosten von 10,7 m Höhe ruhte und welche außer der Tragschiene noch zwei seitliche Leitschienen besaß.

Die erste ausgedehnte praktische Anwendung fanden die einschienigen Bahnen in Algier zur Ernte des Espartograses (Alfa). Nach *LA CHRONIQUE INDUSTRIELLE* waren 1882 bereits 105 km solcher Bahn, und zwar nach dem System Lartigue verlegt. Dieses System zeigte in der damaligen Gestalt eine durch eiserne Böcke von rund 80 cm Höhe und 14 kg Gewicht unterstützte, etwa 3 m lange, 15 kg schwere Bandeisen-Schiene, die durch Werfen an Ort und Stelle in beliebigen Krümmungen gebogen werden konnte. Seitliche Leitschienen waren nicht vorhanden, weshalb der Schwerpunkt der sattelartigen Fährzeuge ziemlich tief gelegt werden musste, damit sich bei ungleicher Belastung der beiden Hälften des Fahrzeugs dasselbe nicht zu schief gegen die Bahn stellte.

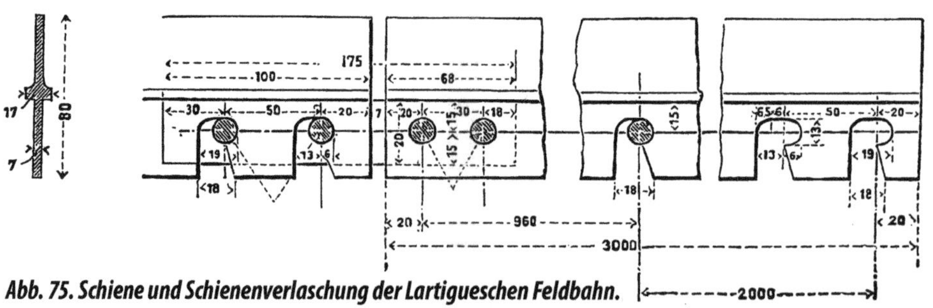

Abb. 75. Schiene und Schienenverlaschung der Lartigueschen Feldbahn.

Der Umstand, dass die Bahn nicht teurer war als eine Feldbahn, wenn man die bequemere Verlegung (weniger Erdarbeiten) mit in Betracht zog, dass ferner der Flugsand den Bahnbetrieb gar nicht beeinträchtigte, während gewöhnliche Feldbahnen darunter sehr zu leiden hatten, verschaffte dem System für die in Rede stehenden Verhältnisse eine bedeutende Überlegenheit über die Mitbewerber, so dass die Aktionäre sehr zufrieden waren. Ähnliche Verhältnisse walten in denjenigen Gegenden ob, in welchen die Bahnen dem Betrieb von Bergwerken und dgl. dienen und häufigen Schneeverwehungen ausgesetzt sind, wie beispielsweise am Amur.

Für deutsche Verhältnisse könnte vielleicht einmal die Anlage einer Arbeitsbahn angezeigt erscheinen, wie sie zum Betrieb der Minen von Ria (östl. Pyrenäen) ausgeführt ist. Diese Bahn besitzt Krümmungshalbmesser bis zu 3 m (!) und Steigungen bis 1:12. Sie wird dadurch betrieben, dass der zu Tal fahrende Zug nicht im eigentlichen Sinne ge-

Abb. 77. Lartiguesche Bahn für die Gruben von Ria.

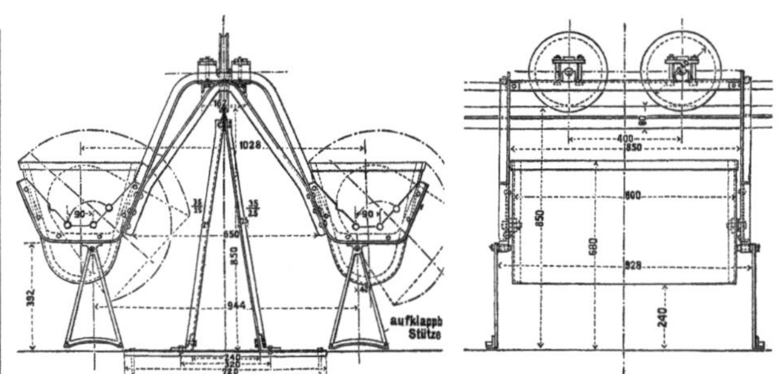

Abb. 76. Stirn- und Seitenansicht des Oberbaues und der Wagen für die Lartigueschen Feld- bzw. Grubenbahnen.

bremst wird, sondern seine verfügbare Arbeit mittels einer Dynamomaschine in elektrischen Strom umsetzt, welcher durch einen besonderen seitlichen Leiter weitergeführt und zum Heraufziehen eines leeren Zuges wieder verwendet wird. Die kleine, beim Bergabfahren Strom liefernde, beim Bergauffahren Strom verzehrende elektrische Lokomotive wiegt 640 kg. Die *Abb. 75 u. 76* zeigen Oberbau und Wagen für eine zur Förderung von Erzen bestimmte Bahn, das *Abb. 77* lässt die besondere Anordnung der Bahn für die Minen von Ria erkennen.

Nach längeren Versuchen auf einem Grundstück der Victoriastraße, Westminster, London, wurden die Lartigueschen Eisenbahnen so weit ausgebildet, dass sie jetzt für befähigt erachtet werden können, den Personen- und Güterverkehr von Nebenbahnen aufzunehmen.

Die Bahn zwischen Listowel und Ballybunion, Grafschaft Kerry, Irland, wurde nach Lartiguescher Bauart ausgeführt, und zwar an Stelle einer anderen vom Parlament bereits genehmigten Bahn zwischen diesen beiden Orten, so dass von der Linienführung des ersten Entwurfs nicht mehr wesentlich abgewichen werden durfte. In den *Annales des Ponts et Chaussées* ist ein Bericht veröffentlicht, den der Oberingenieur Nicou des Departements der Loire an den Minister der öffentlichen Arbeiten über seine Wahrnehmungen auf der gedachten Bahn erstattet hat. Diesem Bericht und dem zur Feier der Einweihung vom 29. Februar 1888 erschienenen Schriftchen sind die folgenden Bemerkungen entnommen.

Die Bahn liegt in Südwesten von Irland und verbindet Listowel, eine Station der Kerry-Eisenbahn, mit Ballybunion, einem kleinen aufblühenden Seebad.

Die Länge der Bahn zwischen den beiden Orten beträgt 15 km. Die Bahn geht aber noch über Ballybunion hinaus und ist dem Strand entlang gelegt, woselbst Sandlager zur Aufhöhung von Grundstücken in Listowel ausgebeutet werden. Der kleinste Krümmungshalbmesser beträgt 25 m, die größte Steigung 1:50 (letztere auf 640 m Länge). Die Gestalt der Böcke, der Trag- und Leitschienen ist aus den *Abb. 78 u. 79* zu ersehen. Die Entfernung der Böcke beträgt in der Regel 1 m, am Stoß der Tragschiene, der schwebend angeordnet ist, 50 cm. Die Tragschienen sind 9,5 m, die Leitschienen 6 m lang. In der Mitte jeder Fahrschiene sind zwei benachbarte Böcke durch Andreaskreuze verbunden. Der ganze Oberbau ist aus Stahl (von Legrand in Mons) und wiegt 47 kg auf 1 m Länge. Hieran beteiligen sich die Fahrschiene mit 13,3 kg und die

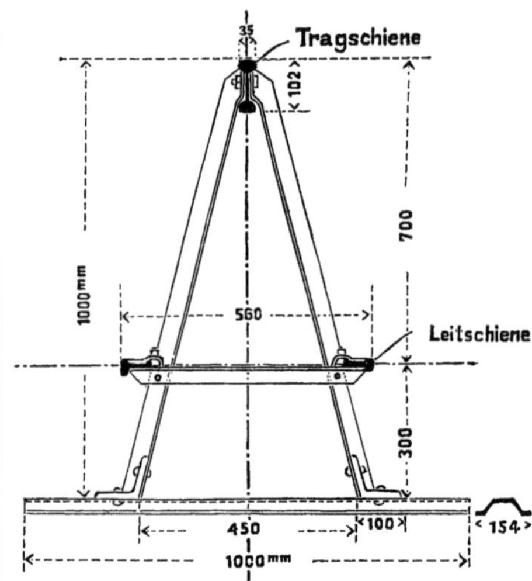

Abb. 78. Oberbau der Listowel-Ballybunion-Bahn.

Leitschienen mit je 5,5 kg. An besonders sumpfigen Stellen sind die Böcke durch Faschinen, Dielenunterlagen und selbst durch Längsbalken unterstützt.

Die Weichen sind eigentlich Drehscheiben, unter der Bezeichnung ›Drehscheiben mit gekrümmtem Schienenstrang‹ für Deutschland patentiert. Durch die Krümmung des Schienenstrangs *RR*, *Abb. 80*, können nicht bloß einzelne Fahrzeuge, sondern ganze Züge beispielsweise vom Gleis *A* auf das Gleis *D* oder *E* geleitet werden. Die Scheibe ist am Zapfen *P*, *Abb. 81*, durch zwei Räder unterstützt, die auf der Gusseisenplatte laufen. Eine weitere Unterstützung erhält der 7,8 m lange Träger durch Räder an seinen Enden, welche auf einem ringförmigen Schienenstrang von 7,4 m Durchmesser laufen.

Der Krümmungshalbmesser der beweglichen Bahnstrecke *RR* beträgt 30 m, ihr Gewicht 750 kg.

An Betriebsmitteln sind vorhanden: drei Verbund-Lokomotiven Malletscher Form, jede mit zwei waagerechten, 1,6 m in den Achsen von einander entfernten

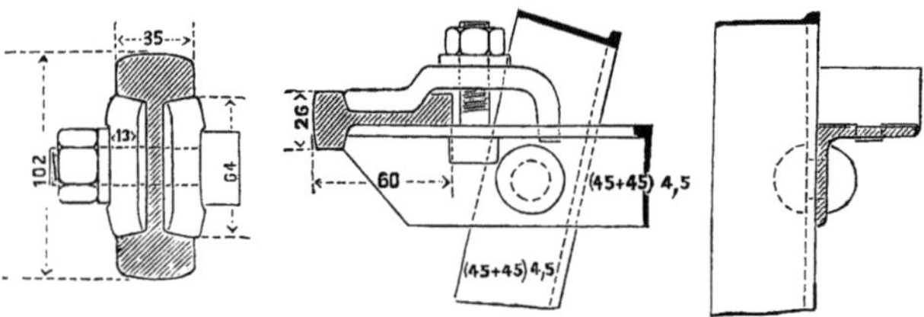

Abb. 79. Verlaschung der Tragschienen (links) und Verbindung der Leitschienen mit dem Bock.

Kesseln und einem Tender, der eine kleine Hilfsmaschine besitzt, also auf Steigungen auch als Lokomotive wirkt, *Abb. 83.* Die Gesamt-Heizfläche einer Lokomotive beträgt 13,4 m², der Zylinderdurchmesser 178 mm und der Hub 305 mm. Die Lokomotiven haben ein Leergewicht von 4,5 t und ein Dienstgewicht von 6,5 t. Ein Tender wiegt leer 3,1 t und kann 900 l Wasser und 500 kg Kohlen aufnehmen.

Die Maschine hat drei gekuppelte Räder, die das Befahren äußerst scharfer Krümmungen ermöglichen. Nach der patentierten Einrichtung sind die Achsen A *(Abb. 82)* des mittleren Triebrades W und der beiden äußeren Triebräder W^1, auf die gewöhnliche Weise gekuppelt.

Nur das Rad W sitzt aber fest auf seiner Achse, während die anderen W^1 mit einer kugelförmigen Höhlung auf einem Gleitstück N sitzen, das auf der Achse A sich hin und her schieben kann und durch zwei runde Nocken das Rad mitnimmt. Hierbei kann das Rad W^1 sich stets der Krümmung der Tragschiene R entsprechend einstellen.

An Betriebsmitteln sind ferner vorhanden: drei Personenwagen I. / II. Klasse und vier Wagen III. Klasse *(Abb. 74)* 4,9 m lang, 2,5 m weit, im unbelasteten Zustande rund 2,7 t schwer. Sie bieten 20 bis 24 Reisenden Platz und haben drei Laufräder von 51 cm Durchmesser und an jeder Seite zwei Leiträder (also mit lotrechter Achse) von 30 cm Durchmesser und 12 cm Kranzhöhe. Außer verschiedenen Güterwagen für Pferde und Schlachtvieh besitzt die Bahn noch 20 Sandwagen für je 4 t Nutzlast. Die Züge sind mit der Westinghousebremse ausgerüstet. Sie verkehren mit einer regelmäßigen Geschwindigkeit von 21 km/h. Bei den Probefahrten wurde

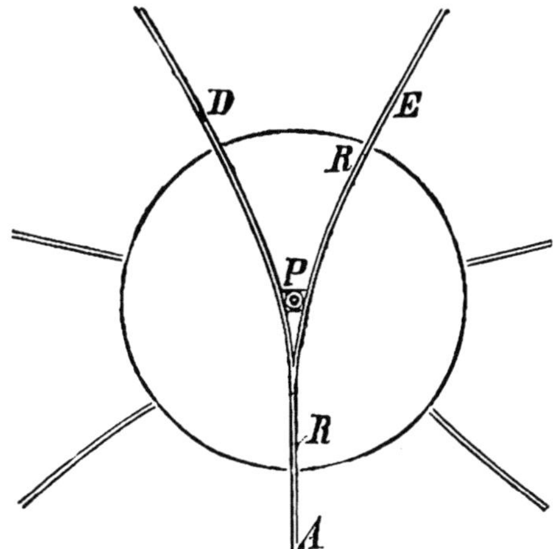

Abb. 80. Drehscheiben-Weiche.

bis zu 35 km/h Geschwindigkeit gegangen, ohne dass das Durchfahren der Krümmungen Schwierigkeiten bot.

Was nun die Aussichten der Lartigueschen Bahnen, insoweit sie mit gewöhnlichen Nebenbahnen in Wettbewerb treten, anlangt, so eignen sich dieselben für ebenes oder nur mäßig welliges Gelände sicher nicht. Selbst wenn der Bau und Betrieb nicht teurer als der einer Schmalspurbahn zu stehen kommen würde, so würde doch die Unmöglichkeit, feste Übergänge in Höhe der Fahrschiene zu schaffen, die Bewirtschaftung

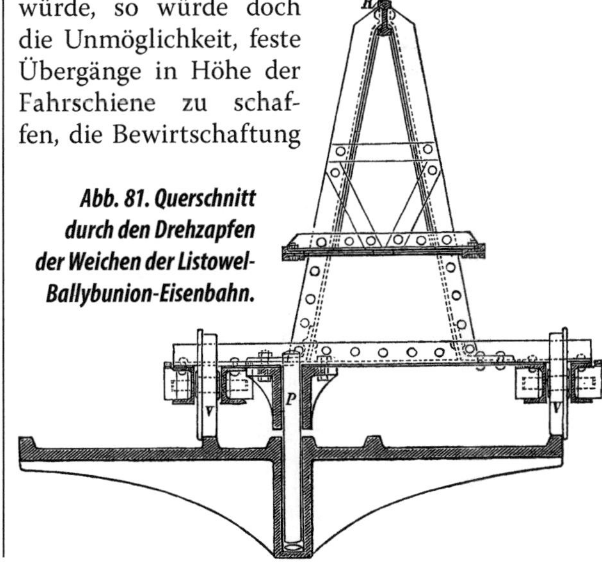

Abb. 81. Querschnitt durch den Drehzapfen der Weichen der Listowel-Ballybunion-Eisenbahn.

der angrenzenden Ländereien bedeutend erschweren. Diese Eigenschaft der Bahn, dass das Gleis auf ebenem Boden eine fortlaufende 1 m hohe Schranke bildet, macht sich selbst für den Betrieb der Bahnhöfe in so lästiger Weise bemerkbar, dass man als Aushilfsmittel besondere Wagen baute, die keinen anderen Zweck haben als den, verstellbare Treppen für Überschreitung der Geleise zu schaffen. Je welliger aber das Gelände wird, je mehr Erdarbeiten also auch eine Schmalspurbahn erfordern würde, um so günstiger liegen die Verhältnisse für den Bau einer Lartigueschen Bahn. In einem Einzelfall wurde der Preis einer Bahnlinie, die mit Schmalspur ausgeführt 120 000 Mark[1] pro Kilometer gekostet haben würde, durch Anwendung der Lartigueschen Bahn auf 48 000 Mark[2] ermäßigt. Die Gesellschaft hat denn auch bereits weitere Linien im Bau, so eine 23 km lange Strecke von Listowel nach Tar-

1) rd. 1,9 Mill. € in 2022
2) rd. 750 000 € in 2022

bert, ferner besitzt sie in England selbst die Bauerlaubnis für rund 61 km, nämlich die Lynton-Bahn (Devonshire) und die Langbourne-Tal-Bahn (Berkshire). Auch in Frankreich soll, Mitteilungen dortiger Blätter zufolge, im Loire-Departement eine derartige Bahn in Angriff genommen worden sein.

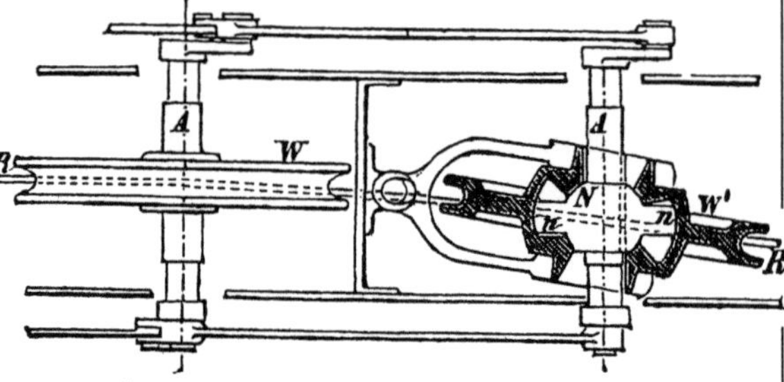

Abb. 82. Kupplung der Triebräder für die Lokomotiven der Listowel-Ballybunion-Bahn.

Für städtische Hochbahnen eignet sich das System, abgesehen von der Möglichkeit der Durchführung scharfer Krümmungen, namentlich noch deshalb, weil es nur einen Träger, also keine Plattform besitzt und somit vor allen Systemen den Lichteinfall in den Straßen am wenigsten beeinträchtigt.

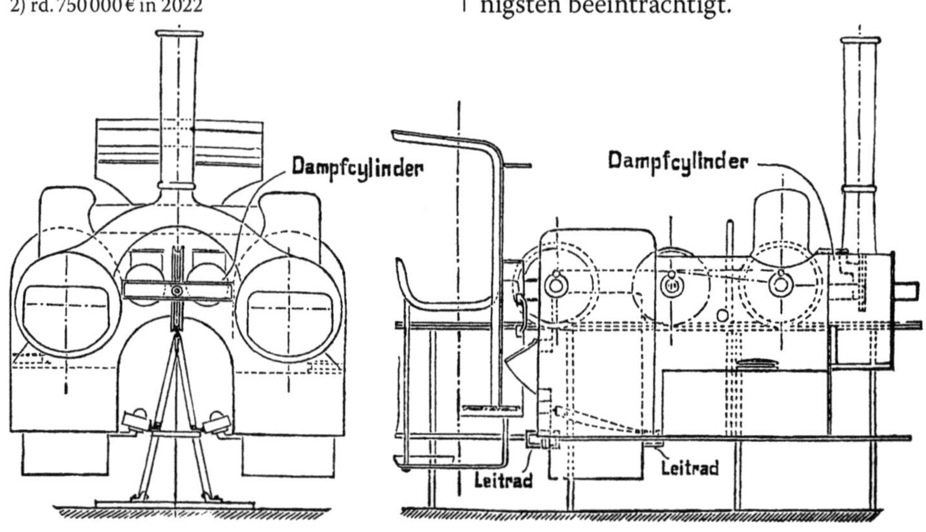

Abb. 83. Mallets Lokomotive für einschienige Eisenbahnen.

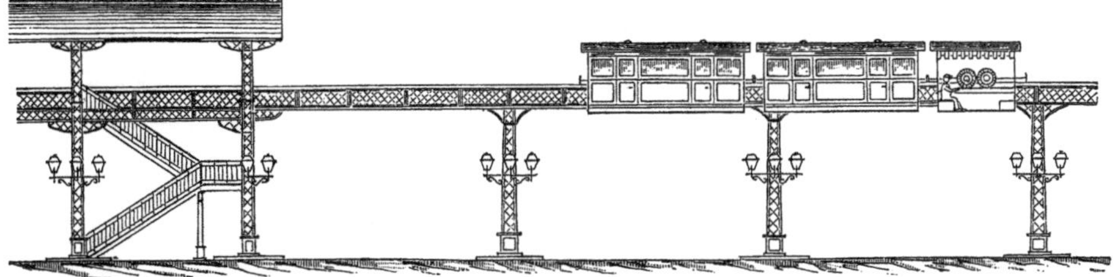

Abb. 84. Lartiguesche Bahnen als Nebenbahnen der Pariser Stadtbahn (Entwurf).

Seitens der Lartigueschen Eisenbahnbau-Gesellschaft wird beabsichtigt, solche Bahnen als Nebenbahnen der zu erbauenden Pariser Stadtbahn in den volkreichen aber weniger feinen Stadtvierteln herzustellen. Nach einem Bericht von Leon Donnet, namens des mit Prüfung der Stadtbahnfrage beauftragten Ausschusses an den Stadtrat von Paris soll der Betrieb auf Ringlinien (die also in sich zurückkehren) erfolgen, so dass die Züge stets in derselben Richtung laufen. Jeder Zug soll aus einer elektrischen Lokomotive und zwei Wagen bestehen. Ein- und Aussteigen, Fahrschein-Abnahme usw. soll wie bei den kleinen Flussdampfern erfolgen, so dass die mit dem Bürgersteig durch je zwei Treppen verbundenen Stationen nicht länger als 5 m zu sein brauchen *(Abb. 84)*. Der Stadtrat von Paris hat zunächst die Bauerlaubnis für eine Versuchslinie erteilt, die entweder auf dem rechten Ufer der Seine mit dem Trocaderoplatz als Anfangs- und Endpunkt oder auf dem linken Ufer mit dem Montparnasse-Bahnhof als Anfangs- und Endpunkt ausgeführt werden soll. ❏

Abb. 85. Die Lartiguesche Einschienenbahn zwischen Listowel und Ballybunion in Irland um 1910.

Boynton Bicycle Railway System

Das 30 Pfund schwere Fahrrad trug sicher das Zehnfache seines Gewichts. Ein Mann legte mit seiner Maschine an einem Tag 515 Meilen zurück. Das Prinzip des Fahrrads, das eine enorme Gewichts- und Reibungseinsparung mit sich bringt, wird hier für die Anwendung auf bestehenden und zukünftigen Dampf- und Elektrobahnen vorgestellt, ohne dass eine Änderung der Spurweite oder eine Beeinträchtigung der bestehenden Züge erforderlich ist.

Wenn ein Brett hochkant gedreht wird, kann es ein Vielfaches der Last tragen, die es flach tragen würde. Durch den Bau von doppelstöckigen Waggons mit einer Breite von ca. 1,20 m und einer Höhe von ca. 4,25 m kann eine wesentlich höhere Festigkeit und Leichtigkeit erreicht werden.

Die zellulare Struktur des Bambus macht ihn extrem leicht und dennoch stabil; so auch den Bicycle-Wagen, der aus Furnier und Stahl gebaut ist und aus achtzehn separaten Fächern besteht, die den Zellen des Bambus entsprechen.

Ziel dieser Erfindung war es, die Unebenheiten und die Reibung eines fahrenden Wagens zu verringern und damit die Sicherheit und Geschwindigkeit zu erhöhen sowie den Verschleiß von Schienenfahrzeugen und Gleisen zu verringern.

Die Motoren müssen nun vier bis acht Räder antreiben, die in einer Linie hinter den Zylindern gehalten werden. Bei Kurvenfahrten wird das Fahrwerk durch Reibung und Verkeilung belastet, was zu erheblichen Leistungsverlusten führt. Räder, Schienen und Wagen werden durch Schleifen und Scheren stark in Mitleidenschaft gezogen. Die Bicycle-Lokomotive mit ihren Doppelspurkranzrädern folgt jeder Kurve mit geringem Leistungsverlust.

Ein oder mehrere Antriebsräder, die auf einer einzigen Schiene laufen, sind das einfachste aller Verkehrsmittel. Das ist so einleuchtend, dass der für Eisenbahnen zuständige US-Patentprüfer an den Erfinder E. M. Boynton schrieb: *»Eine praktische Lösung des Problems erhöhter Geschwindigkeit - einfach, billig, praktisch«.*

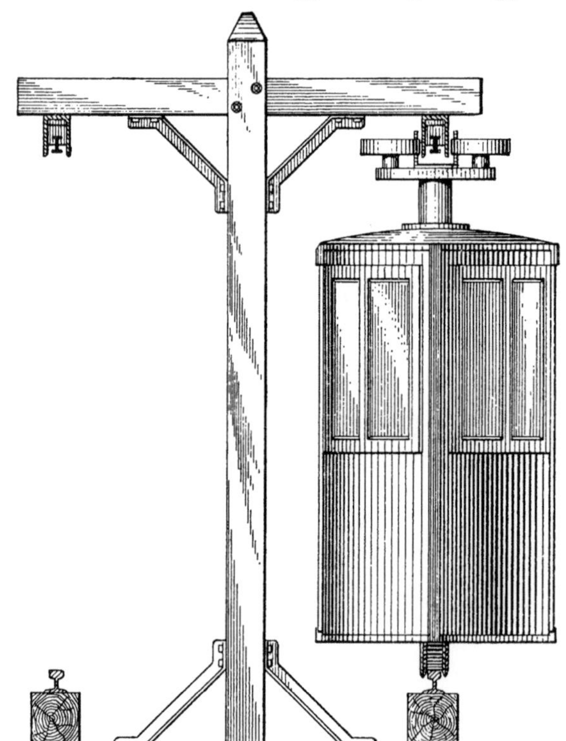

Abb. 86. Querschnitt durch die Bicycle-Struktur und den elektrischen Bicycle-Triebwagen.

Engineering News 2.3.1889

Dass die Bewegung eines Zuges, der auf einer einzigen Schiene fährt, auf diese Weise viel gleichmäßiger und sicherer werden könnte, erscheint uns vernünftig oder zumindest eine Möglichkeit, die es wert ist, eingehend untersucht zu werden. Dies ist etwas ganz anderes als eine Verringerung der Spurweite. Und da es unmöglich ist, ein Schienenpaar exakt waagerecht zu halten, muss der Zug unweigerlich von einer Seite auf die andere schwanken, was bei hohen Geschwindigkeiten äußerst gefährlich wird, denn jedes Mal, wenn die Höhe nicht perfekt ist, neigt der Zug dazu, seitlich gegen die eine oder andere Schiene zu stoßen. Beim Fahrrad ist diese Tendenz ausgeschaltet. Es gibt nichts anderes als die Vorwärtsbewegung, um die Rechtwinkligkeit der Fahrzeuge aufrechtzuerhalten (außer wenn die obere Leitplanke zufällig in Aktion tritt), und es ist auch nichts anderes erforderlich. Es sind also nur die vertikalen Unregelmäßigkeiten der Schiene zu berücksichtigen, und selbst wenn diese an einigen Stellen ein erhebliches Auf und Ab verursachen sollten, geschieht dies direkt nach oben und unten, ohne Tendenz zur seitlichen Bewegung, da der Schwerpunkt direkt über dem Auflagepunkt liegt und dazu neigt, ohne Hilfe dort zu bleiben.[1] In Anbetracht dieses großen potenziellen Vorteils und des geringeren Querschnitts des Zuges erscheint es vernünftig, dass eine wesentlich höhere Geschwindigkeit sicher eingehalten werden kann, als dies bei zweigleisigen Fahrzeugen möglich oder sicher ist. ❐

---

1) Der Verfasser hatte mehrfach Gelegenheit, auf normalspurigen Lokomotiven mitzufahren, und bemerkte beim Durchfahren von Kurven, selbst bei einer Geschwindigkeit von 55 km/h, die daraus resultierende Zickzackbewegung. Die Maschine lief auf der Lauffläche der Räder so weit, wie es die Spurkränze auf der einen Seite zuließen, schlug mit furchtbarer Wucht auf, sprang dann auf die andere Seite und wiederholte den Vorgang immer wieder, bis es unmöglich schien, die Schienen mit Nägeln fest genug zu halten, um ein Umkippen oder Ausbreiten zu verhindern.

Ein Antriebsrad mit einem Durchmesser von 1,8 m kann zweifellos so konstruiert werden, dass es eine Lokomotive mit Kurzhubmotoren bei 160 – 195 km/h antreibt und die Anzahl der Umdrehungen verdoppelt, wobei die Geschwindigkeit nur durch die Reibung und den Luftdruck begrenzt wird. Eine Geschwindigkeit von 145 km/h würde jedoch wahrscheinlich zunächst alle vernünftigen Anforderungen für Schnellzüge und eine entsprechend niedrigere Geschwindigkeit für Nahverkehrs- und Güterzüge erfüllen. Der obere Führungsbalken wird in Kurven nach innen gedreht, so dass der Zug zur Kurvenmitte hin geneigt wird, was der Fliehkraft wie bei einem Fahrrad entgegenwirkt.

Die Praxis hat gezeigt, dass die zweiundzwanzig Tonnen schwere Bicycle-Lokomotive so gut ausbalanciert ist, dass die oberen waagerechten Laufräder beim Fahren auf einer Tangente selten den oberen Führungsbalken berühren und zwischen ihnen ein Abstand von 2,5 cm verbleibt; und es hat sich gezeigt, dass selbst beim Fahren in Kurven und bei hohen Geschwindigkeiten die Reibung der oberen oder Führungsräder unbedeutend ist, da sich der Zug nach innen neigt, um die Zentrifugalkraft auszugleichen.

Vergleicht man das Gewicht mit der geleisteten Arbeit, so ist heute etwa eine Tonne Zuggewicht erforderlich, um einen Fahrgast zu befördern, und ein durchschnittlicher leerer Güterzug wiegt mehr als die bezahlte Fracht, die er befördert, wohingegen Bicycle-Züge mehr als das Fünffache ihres Eigengewichts befördern können, ohne unnötige Reibungsverluste in Höhe des Fünffachen zu verursachen, was zu Einsparungen von mindestens dem Zehnfachen im Güterverkehr und dem Zwanzigfachen im Personenverkehr führt. Die bereits gebauten Bicycle-Wagen bieten Platz für 108 Fahrgäste und wiegen insgesamt nur fünf Tonnen.

Vorteile des Bicycle-Systems

Die besondere Konstruktion der doppelstöckigen, 1,20 m breiten, 4,25 m hohen und 12,80 m langen Bicycle-Waggons in Form eines hochkant gedrehten Brettes macht sie um ein Vielfaches leichter und stabiler.

- Schneller und wirtschaftlicher Transport bei reduzierten Baukosten.
- Erhebliche Kosteneinsparungen beim Planieren und bei Bodenschäden.
- Durch die Verwendung von schmalen, doppelstöckigen Wagen ist das Verhältnis von Ladung zu Fahrzeuggewicht hoch.
- Erhebliche Reduzierung der Kosten und des Verschleißes des rollenden Materials.
- Verringerung der Reibung bei Kurvenfahrten durch den Ersatz herkömmlicher Achsen durch Spindeln und die daraus resultierende Energieeinsparung in den fahrenden Zügen sowie mehr als doppelt so hohe Geschwindigkeiten wie bisher auf der Schiene, mit Komfort für die Fahrgäste und Wirtschaftlichkeit im Güterverkehr.
- Höhere Sicherheit, da ein Zug, der zwischen einer oberen Stütze und einer unteren Schiene fährt, nicht entgleisen kann.
- Ein seitliches Ausweichen der Schienen ist bei diesem System völlig unmöglich, da das Gewicht sowohl in der Kurve als auch in der Tangente auf der Schiene zentriert ist.
- Der Treibstoffverbrauch wird um ein Vielfaches reduziert, da das Gewicht der gezogenen Wagen etwa ein Sechstel des Gewichts normaler Wagen beträgt und die Sitzplatzkapazität verdoppelt wird.

Die Doppelstockwagen dieses Systems haben eine Höhe von 4,25 m und eine Länge von 12,80 m, wobei für jede Abteilreihe ein freier Raum von 2 m verbleibt. Das Be- und Entladen erfolgt über doppelstöckige Plattformen in den Depots und über Wendeltreppen an den Wagenenden, die bei durchgehenden Zügen wünschenswert sein können. Die Wagen bestehen aus Holzfurnier, das durch Stahlbänder und -stangen zusammengehalten wird. Die derzeit in Betrieb befindlichen Wagen verfügen über je neun Abteile im Unter- und Oberdeck, in denen sich jeweils sechs Personen gegenübersitzen können, d. h. 108 Sitzplätze pro Wagen. Diese Zellenbauweise garantiert, wie der Bambus, eine hohe Festigkeit und Leichtigkeit. Ein dreifaches Stahlband umgibt den Wagen in Längsrichtung. Oben, in der Mitte und unten umschließen zehn Stahlbänder den Wagen im rechten Winkel zu jeder Trennwand des Abteils, wodurch der Wagen praktisch von oben nach unten geteilt wird. Achtundachtzig Stahlstangen verlaufen zwischen den Sitzen quer durch den Wagen, ihre Enden sind in den Stahlrahmen eingelassen und halten das Ganze fest zusammen. Die Ecken des Wagens sind durch die Stahlverkleidung geschützt, die unübertroffen stabil und leicht ist. Auf diese Weise kann mit 100 Pfund die Arbeit verrichtet werden, für die bei den alten schweren Zweischienenwagen 1000–3000 Pfund erforderlich waren.

Auf jeder Seite des Wagens befinden sich achtzehn Türen, insgesamt also sechsunddreißig.

Das Furnier, aus dem der Wagen besteht, ist dreimal 3 mm stark. Die Maserung der inneren Schicht ist der der äußeren entgegengesetzt. Die Sitze sind aus dünnem Furnier, das quer über den Wagen verläuft, zwei in jedem Abteil.

Federn eine extreme Pendelbewegung zulassen, die bei längeren Fahrten sehr anstrengend wird und bei vielen Fahrgästen zu ›Seekrankheit‹ führt.

Selbst bei sehr engen Kurvenfahrten mit hoher Geschwindigkeit ist die Pendelbewegung bzw. die Tendenz, den Insassen zur Seite zu werfen, sehr gering und kaum spürbar. Der Grund dafür liegt auf der Hand, denn der Bicycle-Wagen wird, so weit es sich um eine seitliche Bewegung handelt, starr gehalten und neigt sich je nach Kurvenrichtung auf natürliche Weise nach rechts oder links.

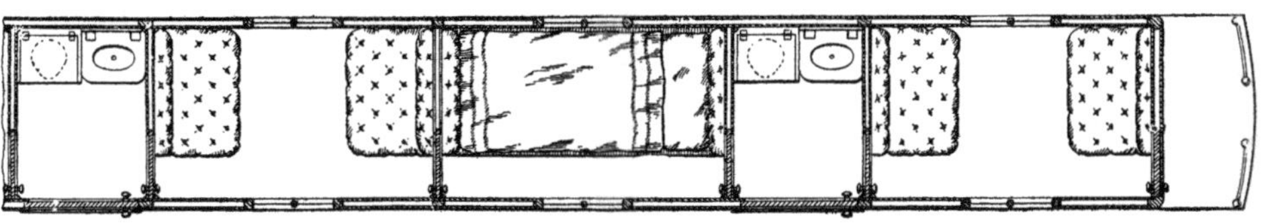

Abb. 87. Bicycle Palace-Wagen.

Der Wagen bietet Platz für 108 Personen und wiegt knapp fünf Tonnen.

An der Oberseite des Wagens befinden sich, wie in der *Abb. 88* dargestellt, die Rahmen, die die Räder des Wagens tragen und ihn in einer aufrechten Position halten. An beiden Enden des Wagens befinden sich Drehgestelle, die wie normale Drehgestelle schwenkbar sind und Räder mit einem Durchmesser von einem Meter haben. Diese Räder sind aus hochwertigem Stahl gefertigt, leicht und dennoch sehr stabil. Zur Dämpfung der Fahrzeugbewegungen dienen Spiralfedern, die im Rahmen direkt unter der Fahrzeugmitte angebracht sind.

Bewegung des Bicycle-Wagens im Vergleich zum Normalspurwagen

Die in der Mitte des Bicycle-Wagens angebrachten Spiralfedern lassen nur eine vertikale Bewegung zu, während die üblichen Normalspurwagen aufgrund ihrer Breite und der Anordnung ihrer

Es wurde auch festgestellt, dass diese Wagen umso ruhiger laufen, je höher die Geschwindigkeit ist, vorausgesetzt, dass die Schiene, auf der die Wagen fahren, in Ordnung ist. Nehmen wir jedoch an, dass die Schiene nicht glatt oder eben ist, so kann auch der Laie leicht erkennen, dass der Bicycle-Wagen, der nur die Hälfte der Räder hat, nur auf die Hälfte der Unebenheiten der Schiene trifft und dort, wo sie auftreten, nur eine vertikale Bewegung verursacht, während die Wagen der Normalspur sowohl eine seitliche als auch eine vertikale Bewegung haben, weil sie erst auf der einen und dann auf der anderen Seite abgesenkt werden.

Wie wir bereits gezeigt haben, wird der Bicycle-Wagen von der Oberkonstruktion vollständig kontrolliert, und zwar sowohl in Bezug auf die Tendenz, zu springen, als auch in Bezug auf die

Tendenz, die Schiene in irgendeiner Weise zu verlassen. Tatsächlich trägt er sich selbst durch seinen Schwung, wie das Fahrrad, und belastet die Struktur nur minimal, selbst wenn er eine hohe Geschwindigkeit beibehält. Da dies eine Tatsache ist, kann man leicht erkennen, dass die seitliche Bewegung des Wagens in keinem Fall groß sein kann und dass sogar eine Geschwindigkeit von

Diese schmalen Wagen bringen das Gewicht der Fahrgäste auf einer Seite bis auf 30 cm an die Mitte heran, die Höhe beträgt 4,6 m, die seitliche Kopflast würde ein Fünfzehntel des Gewichts der höchstmöglichen Anzahl von Fahrgästen (36) betragen, die auf einer Seite sitzen können, und nur etwa 34 kg auf jedem der vier Oberleitungsräder. Das wäre nicht viel, da die Wagen für

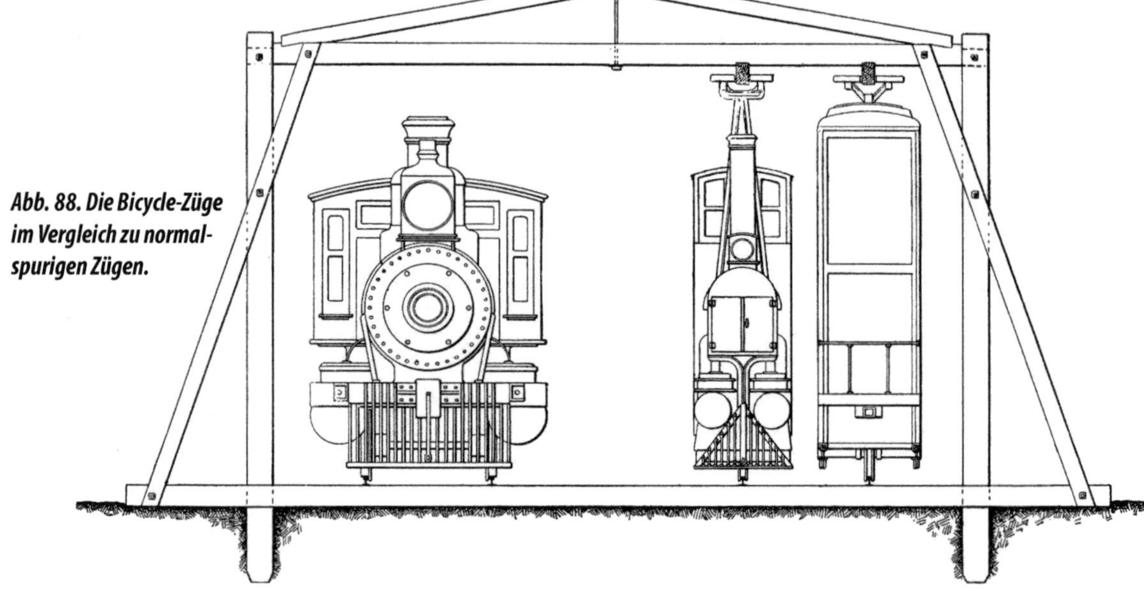

Abb. 88. Die Bicycle-Züge im Vergleich zu normalspurigen Zügen.

160 km/h ohne Unannehmlichkeiten für die Fahrgäste beibehalten werden kann.

Es ist oft gefragt worden, ob ein Mensch bei dieser Geschwindigkeit atmen kann. Es erübrigt sich zu sagen, dass er es könnte, da wir ständig mit mehr als 1600 km/h reisen, ohne irgendwelche Unannehmlichkeiten zu erleiden, da wir in jedem Fall die Atmosphäre mit uns tragen.

Und noch einmal: Was wäre, wenn mehrere Personen auf einer Seite des Fahrzeugs säßen? Würde das nicht das Gleichgewicht stören?

ein Gewicht von zwei bis fünf Tonnen ausgelegt sind. Dies ist jedoch ein Extremfall, da die Wagen normalerweise in etwa gleich ausbalanciert sind.

Eine zweigleisige Strecke für jede Einzelspur und eine viergleisige Strecke für jede Doppelspur

Die *Abb. 88* zeigt, wie dies realisiert wird. Auf der Seite der Struktur, auf der die Züge abgebildet sind, haben wir eine normale Spurweite von 1435 mm. Das ergibt einen Abstand von 1,50 m von Mitte zu Mitte jeder Schiene, und wie gezeigt, haben wir bei 1,20 m breiten

Waggons einen Abstand von 30 cm zwischen den Zügen. Das ist ausreichend.

An Stellen, an denen die Kurven stark gekrümmt sind, könnten die Wagen noch schmaler gemacht werden, um vier statt sechs Fahrgäste in jedem Abteil unterzubringen, und um in Kurven mit starkem Überhang mehr Platz zwischen den Wagen zu haben.

Auf einer solchen Strecke wie der hier gezeigten könnten zwei Gleise ohne Beeinträchtigung ausschließlich für durchgehende Schnellzüge genutzt werden, und es stünden alle Möglichkeiten für sehr hohe Geschwindigkeiten zur Verfügung.

Der Wert einer solchen Linie für die Geschäftsleute wäre unschätzbar, denn sie würde ihnen eine schnelle, bequeme und sichere Beförderung zu einem Drittel der Kosten ermöglichen, die den Eisenbahngesellschaften durch die heutigen sogenannten Schnellzüge entstehen.

Jeder Geschäftsmann, für den Zeit ein kostbares Gut ist, würde fast jeden Preis zahlen, um die verschiedenen Orte zu erreichen und so seine zahlreichen Geschäfte zu erleichtern.

Die beiden anderen Gleise könnten für den Personen- und Güterverkehr genutzt werden.

Kosten und Vorteile der Oberkonstruktion

Die Kosten für den Umbau einer gewöhnlichen zweigleisigen Strecke mit einer Holzkonstruktion, wie sie *Abb. 88* zeigt, hängen von den Holzpreisen an dem Ort ab, an dem der Umbau vorgenommen werden soll. Eine Holzkonstruktion würde in vielen Fällen ausreichen, vorausgesetzt, sie hätte die richtige Stärke und würde viele Jahre lang mit sehr geringen Reparaturkosten auskommen.

Auf diesen Konstruktionen könnten auch die zahlreichen Telegrafen- und Telefondrähte verlegt werden, und mit geeignetem Draht an den Seiten könnte der notwendige Zaun geschaffen werden, um die Strecke von Vieh und anderen Hindernissen freizuhalten.

Das Querholz, auf dem die Schiene ruht, ist mit dem Oberbau verschraubt und bildet einen Teil des Oberbaus, so dass sich die Schiene nicht aus irgendeinem Grund setzen und der Zug herunterfallen kann, aber in jedem Fall müssen der Oberbau und die Schiene aufeinander abgestimmt sein. Bei einer solchen Konstruktion müssen die Stützen in einem Abstand von 6 – 9 m aufgestellt und die Längsbalken miteinander verbunden werden, wodurch die Konstruktion sehr stabil wird.

Es ist immer zu berücksichtigen, dass die auf diese Konstruktionen einwirkenden Belastungen sowohl in der Tangente als auch in der Kurve gering sind, die Konstruktion jedoch ausreichend stark sein muss, um die oberen Führungsschienen gerade zu halten, so dass sich die Tragschiene und die obere Führungsschiene in derselben vertikalen Ebene befinden.

Nach dem Fahrradprinzip könnten sich die Bicycle-Wagen während der Fahrt ohne Unterstützung durch den oberen Führungsbalken in aufrechter Position halten; aber, um die ENGINEERING NEWS zu zitieren:

»Da die Stabilität natürlich von der Existenz einer schnellen Vorwärtsbewegung abhängt, und diese Bewegung in den Bahnhöfen endet und jederzeit durch zufällige Ursachen unterbrochen werden kann, müssen ständig Vorkehrungen durch obere Schienen und Führungsräder oder auf andere Weise getroffen werden, um sie im Bedarfsfall zu

stützen. Andernfalls kippen die Wagen beim Anhalten sofort um. Eine solche Einrichtung, die nur bei einem Stillstand oder einem plötzlichen Unfall zum Einsatz kommt, ist jedoch eine Sache; eine Oberschiene, die ständig als Stütze dient, ist etwas ganz anderes. Im letzteren Fall sind die Bedingungen für eine reibungslose Bewegung nicht unbedingt günstiger als bei einer normalen zweigleisigen Strecke. Im ersten Fall brauchen die oberen Führungsräder die obere Schiene überhaupt nicht zu berühren, außer in den Bahnhöfen, und es besteht daher viel weniger die Notwendigkeit einer genauen Konstruktion oder einer großen Festigkeit oder Dauerhaftigkeit und die offensichtliche Möglichkeit, eine viel höhere Geschwindigkeit bei gleichmäßiger Bewegung aufrechtzuerhalten, denn je höher die Geschwindigkeit ist, desto stärker müssen die Kräfte sein, die die Vertikale aufrechtzuerhalten suchen, wenn das Fahrradprinzip tatsächlich zu einer solchen Ausdehnung fähig ist und die Wirkung dieser Kräfte vollkommen gleichmäßig ist.«

Nach einem Jahr Dauereinsatz auf der Coney Island Road mit einer Holzkonstruktion, die nur für den temporären Einsatz aufgestellt worden war, waren die Auswirkungen auf den oberen Führungsbalken kaum spürbar. Wir haben auf dieser Strecke mehr als 7000 Fahrten oder etwa 40 000 km zurückgelegt, und die Gummibänder an den Rädern der Wagen haben sich überhaupt nicht abgenutzt. Diese Tatsachen müssen untersucht werden und sollten sicherlich schlüssig zeigen, wie hoch die Belastung der Struktur ist, da die Strecke voller scharfer Kurven ist und die Auswirkungen der Belastung, wenn überhaupt, hier sichtbar sein sollten. Siehe Schreiben von Herrn Pond auf S. 111.

Der Einfluss des Winddrucks

In einem kürzlich erschienenen wissenschaftlichen Bericht räumt der Autor zwar die Vorteile des Bicycle-Systems unter normalen Umständen ein, stellt aber fest: »Ein starker Windstoß, der gegen die Seiten dieser zweistöckigen Waggons prallt, würde sie mit einer Kraft gegen die obere Schiene drücken, der nichts widerstehen könnte«.

Unser jetziger Standort sollte diese Frage auf die härteste Probe stellen, denn wir befinden uns in unmittelbarer Nähe des Ozeans, auf einem über eine Meile langen Bahndamm, hoch über dem Meeresspiegel, wo starke Winde gegen die Seiten der Waggons blasen. Wir hatten bisher keine Schwierigkeiten, die Gleise zu halten, und haben keine Anzeichen dafür gefunden, dass sie von der ›unwiderstehlichen Kraft‹, von der er spricht, weggetragen wurden; andererseits würden wir nicht für die Sicherheit eines normalspurigen Zuges bürgen, der unter ähnlichen Bedingungen über dieselbe Stelle fährt, denn es sind Fälle bekannt, in denen Lokomotiven von den Gleisen geweht wurden und die Böschung hinunterstürzten. Mit Sicherheit würde ein Sturm, der stark genug ist, um Wagen oder Bauwerke zu gefährden, den schwersten Normalspurzug von der Strecke werfen.

Beim Bicycle-system dienen die vorbeifahrenden Züge gewissermaßen als Ballast für das Bauwerk, und zwar genau an dem Punkt, an dem der Winddruck gegen die Seiten der Wagen wirken würde.

Farmer und kostengünstige Überlandstrecken

Die Möglichkeiten, die dieses System des Eisenbahnbaus bietet, sind immens. In dünn besiedelten Gegenden, wo der

Sehr geehrte Damen und Herren, ich habe Ihnen bezüglich der Erteilung von Patenten für Ihr Bicycle-Railwaysystem wie folgt geschrieben:

Meiner Meinung nach stellt es eine praktische Lösung für das Problem der Geschwindigkeitserhöhung dar, aber auch für das Problem der Erhöhung des Verhältnisses von zahlender zu nicht zahlender Ladung, sei es im Güter- oder im Personenverkehr.

Meiner Meinung nach sind beide Ergebnisse mit dem von Ihnen vorgeschlagenen System, das einfach, kostengünstig und praktisch ist, durchaus erreichbar.

Nach meiner Fahrt am letzten Sonnabend auf Ihrer Strecke möchte ich hinzufügen, dass ich den vorhergesagten Erfolg als mechanisch und praktisch erreicht ansehe. Nach sorgfältiger Prüfung glaube ich, dass die Sicherheitsbedingungen bei sehr hohen Geschwindigkeiten günstiger sind als auf der Standardstrecke.

Der gesamte Gefahrenkatalog, der sich aus der ›Spreizung‹ des Gleises ergibt, wird durch dieses System im Eisenbahnverkehr eliminiert.

Das Fehlen von Querschwingungen bei hoher Geschwindigkeit – bei jeder Geschwindigkeit – ist bemerkenswert, aber sehr einfach zu erklären. Da ich gewohnt bin, viel auf fahrenden Zügen zu schreiben, kann ich auf diesem Waggon mit einer ruhigeren und gleichmäßigeren Hand schreiben als auf jedem anderen.

Die offensichtliche Fähigkeit zu sehr hoher Geschwindigkeit ist überraschend. Fahren Sie auf dem Tender mit und beobachten Sie die Führungsräder in der Luft, und sehen Sie selbst, wie sehr sich die Maschine bei hoher Geschwindigkeit auf einer Tangente von selbst aufrichtet, ›wie ein Fahrrad‹, und wie wenig Arbeit von eben diesen Führungsrädern verlangt wird; und, kurz gesagt, den Zug vorbeifahren zu sehen, bedeutet, die ›Poesie der Bewegung‹ zu sehen.

Es scheint, dass der Betrieb von Zügen, von denen jeder eine ausreichende Kapazität hat, um 100 Züge mit 100 Personen eine Meile mit einer halben Tonne Kohle zu befördern, die große Aufmerksamkeit der Eisenbahner auf sich ziehen würde. Eine solche Tatsache lässt einige erstaunliche Schlussfolgerungen zu, lässt sich aber wahrscheinlich durch die sehr starke Reduzierung der Reibung erklären, die in Ihrem System realisiert wird. Die Möglichkeit, eine eingleisige Standardstrecke in eine zweigleisige Strecke mit mehr als einer Verdoppelung der Kapazität umzuwandeln, ist eine weitere verblüffende und sehr verlockende Tatsache. Ich sehe keinen Grund, warum Ihr System im Interesse von Geschwindigkeit, Sicherheit und Wirtschaftlichkeit nicht allgemein auf bestehenden Strecken übernommen werden sollte, und jeden Grund, warum es das sollte.

Benj. W. Pond, Prüfer US-Patentamt.

Herr Pond ist seit zwanzig Jahren Hauptprüfer in der Patentabteilung für Eisenbahnen.

Farmer mit bescheidenen Mitteln seine eigenen Gleise bauen und sein Getreide und seine Produkte zu geringen Kosten in die Stadt transportieren kann, können kleine Versorgungslinien gebaut werden. Eine für diesen Zweck ausreichende Strecke könnte wahrscheinlich für etwa zweitausend Dollar pro Meile gebaut werden, besonders in Gegenden, wo Holz leicht verfügbar ist. Dies wäre ein großer Segen für die Farmer, da der Anbau einiger ihrer Produkte derzeit

kaum rentabel ist und ihre einzigen Transportmittel in die großen Städte Pferde und Wagen sind.

Bei dieser Art von Eisenbahn kann eine sehr leichte Schiene verwendet werden, indem ein Längsbalken aus einem einseitig behauenen oder gesägten Baum verwendet wird, auf dem die Schiene aufliegt. Darunter befindet sich ein rechtwinkliges Querholz, an dem die Stützen für den Oberbau befestigt werden. Bicycle-Lokomotiven können mit einem Gewicht von zwei Tonnen bis zu einem beliebigen Gewicht gebaut werden, je nach der zu ziehenden Last.

Wenn der Untergrund einigermaßen eben ist, können die Längshölzer auf dem Boden aufliegen. Aufgrund ihrer Festigkeit und Steifigkeit wäre die Gefahr des Abrutschens sehr gering. Diese Konstruktionen können je nach zu tragendem Gewicht aus leichteren oder schwereren Hölzern bestehen.

Abb. 89.

Bicycle-Trassen in bergigen Gegenden

Es gibt zahlreiche Orte, an denen sich das Bicycle-System bewährt hat und der Bau einer Normalspurstrecke ein sehr kostspieliges Unterfangen wäre, insbesondere in Gebirgsregionen, wo massiver Granit abgetragen werden muss, um den erforderlichen Platz zu schaffen. Der eigentliche Platz für eine Bicycle-Trasse muss nur groß genug sein, um die Stützschienen darauf zu montieren, während bei einer Normalspurstrecke sehr kostspielige Arbeiten erforderlich wären, um eine ebene Fläche in der erforderlichen Breite zu schaffen, auf der die Schwellen aufliegen können. Für die Bicycle-Strecke ist lediglich ein eiserner oder hölzerner Längsbalken erforderlich, auf dem die Schiene aufliegt, wodurch alle Unebenheiten überbrückt und erhebliche Kosten eingespart werden können.

Die Wendigkeit der Waggons und Lokomotiven macht sie besonders geeignet für enge Kurven und Schluchten. An solchen Stellen benötigt die Bicycle-Trasse einen Raum von nur 1,4 m Breite für eine einfache Linie und etwa 2,8 m für eine doppelte Linie. Beim Bau kann der Fels durchbohrt und mit leichten Eisenstützen versehen werden. Ein weiterer Vorteil, der sich bei starken Stei-

Abb. 90. Aufgeständerte zweigleisige Trasse aus Kiefernholz. Kosten: 20 000 $ pro Meile.

gungen zeigt, ist die Möglichkeit, eine Anordnung zu konstruieren, die die Traktion durch Druck gegen die obere Struktur oder den oberen Leitbalken stark erhöht.

Viele Schmalspurbahnen, die heute im Westen in Betrieb sind, beweisen ihren Vorteil gegenüber der Normalspur durch die Verringerung der Reibung und die Leichtigkeit, mit der sie enge Kurven durchfahren. Es ist unmöglich, eine schmalere Spurweite als die der Bicycle-Bahn zu bauen, und da durch die Verengung der Spurweite die Reibung vermindert wird, haben wir zweifellos den größten Vorteil gegenüber allen bisher gebauten Strecken. Ihre Wirtschaftlichkeit und Einfachheit sind weit überlegen. Man kann nie weniger als ein Rad oder eine Reihe von Rädern oder weniger als eine Schiene zum Fahren haben.

Kollisionen und ihre Ursachen

Die Eisenbahnstatistiken zeigen, dass die Betriebs- und Instandhaltungskosten der derzeitigen durchgehenden Schnellzüge sehr hoch sind, da alle anderen Züge mit einer Geschwindigkeit durchfahren müssen, die weder sinnvoll noch wirtschaftlich ist, um einen bestimmten Punkt zu erreichen, an dem diese Züge angehalten werden können, um die Durchfahrt von Schnellzügen zu ermöglichen. Die Folgen sind für Züge und Gleise schnell sichtbar und verursachen zusätzliche Reparaturkosten, ganz zu schweigen von den Gefahren, die diese Ausweichmanöver mit sich bringen. Man schätzt, dass 50–60% der Eisenbahnunfälle auf Kollisionen zurückzuführen sind, und dies trotz verbesserter Signalanlagen, zahlreicher Meldestellen und Telegrafen.

Die Kollisionen sind nicht so sehr auf die Geschwindigkeit der schnellen Züge zurückzuführen, sondern auf die unterschiedlichen Geschwindigkeiten der einzelnen Züge. Es liegt auf der Hand, dass es keine Kollisionen geben kann, wenn Züge, die in die gleiche Richtung fahren, eine einheitliche Geschwindigkeit einhalten. Das ist aber nicht möglich, und deshalb müssen mehr Strecken zur Verfügung stehen, um dies sicher und wirtschaftlich zu erreichen.

Mit dem Bicycle-System kann dies, wie wir gezeigt haben, wesentlich kostengünstiger erreicht werden als mit jedem anderen System. So sicher es ist, dass es zehnmal so teuer ist, 10 Tonnen statt einer zu bewegen, so sicher ist es auch, dass ein entsprechendes Verhältnis von Bicycle-Zügen zu Normalspurzügen die Betriebskosten um den Faktor 10 senken muss, da sie ein Fünftel des Gewichts und die doppelte Sitzplatzkapazität haben. Berücksichtigt man dies zusammen mit dem zusätzlichen Sicherheitsfaktor, der vor allem wünschenswert ist, sollte das Bicycle-System sicherlich große Beachtung finden.

Abgesehen von der Frage der Geschwindigkeit und der Sicherheit sollte dieses System allen Bahnbetreibern, die nicht nur Eigeninteressen zu bedienen haben, empfohlen werden, da die Frage der Wirtschaftlichkeit eine wichtige Rolle spielt.

Man könnte sich fragen, ob es wirklich stimmt, dass die Züge mit diesem System so viel billiger fahren können als mit jedem anderen System und ob man bei gleichem Gewicht der Züge diese hohe Geschwindigkeit beibehalten kann? Wir sagen ganz klar: Ja! Zwei Dinge sind jedoch zu bedenken: Erstens ist der Transport von Gewicht bei hohen Geschwindigkeiten unweigerlich mit zusätzlichen Kosten verbunden, die sowohl aus der Beschädigung des Gleisbetts und der Abnutzung des rollenden Materials als auch aus dem tatsächlichen Treibstoffverbrauch resultieren. Zweitens, unter der Annahme, dass das Gewicht der Züge gleich wäre, würde der Gewinn der tatsächlichen Reibung entsprechen, die die Bicycle-Züge, wie wir gezeigt haben, durch die Wirkung der einzelnen Räder auf die Schiene einsparen. Es ist unbestritten, dass dies erheblich wäre, aber das ist noch nicht alles. Leichte Fahrzeuge können mit diesem System mit sehr hohen Geschwindigkeiten, mit großer Sicherheit und, weil sie leicht sind, mit einer wunderbaren Wirtschaftlichkeit gefahren werden.

Können gleich schwere Wagen nicht auf normalspurigen Strecken fahren? Das ist nicht möglich, da sie bei einer erheblichen Geschwindigkeit unweigerlich die Schiene verlassen und durch die seitliche Bewegungstendenz und die Unebenheiten der Schiene erst auf die eine und dann auf die andere Seite geschleudert würden. Diese Gefahr würde durch eine leichte Konstruktion noch verstärkt.

Nicht so bei den Bicycle-Zügen. Angenommen, die Wagen würden aufgrund von Unebenheiten auf der Schiene springen, weil sie eine direkte Antriebsbewegung in vertikaler Richtung erhalten haben, so würden sie nicht weggeschleudert, sondern direkt auf die Schiene zurückfallen. Dies wäre die natürliche Tendenz, aber um ein mögliches Verlassen der Schiene zu verhindern, ist die Oberschiene so bemessen, dass die Wagen und Lokomotiven nicht so weit steigen können, dass sie die Spurkränze der Räder überwinden.

Heutige Normalspurwagen müssen schwerer gebaut sein, um den hohen Belastungen standzuhalten, die sich aus der Pendelbewegung und der Tatsache

ergeben, dass sie nur von der Wagenbasis bzw. -plattform getragen werden.

Anders verhält es sich bei den Bicycle-Wagen, die zwei Stützpunkte haben, oben und unten, und deren Struktur sicherlich viel leichter sein kann.

Zusammenfassend kann man also sagen, dass wir hier zwei sehr wichtige Faktoren haben, die uns die größte Wirtschaftlichkeit im Schienenverkehr bringen, nämlich die Einsparung von Reibung durch die Bicycle-Räder und -Spindeln und die Reduzierung des Eigengewichts. Denn jedes Pfund mehr an gezogenem Gewicht bedeutet natürlich auch einen entsprechenden Verbrauch an Treibstoff.

Bicycle-Lokomotive Nr. 1
Die *Abb. 91* zeigt unsere Lokomotive Nr. 1. Sie wurde in Portland gebaut und ist wahrscheinlich die erste Bicycle-Lokomotive, die jemals gebaut wurde. Bei der ersten öffentlichen Vorführung im September 1888 in Gravesend waren einige der bedeutendsten Eisenbahner des Landes anwesend. Die Geschwindigkeit wurde zufriedenstellend demonstriert, aber wegen der Kürze der Strecke konnte keine besonders hohe Geschwindigkeit erreicht werden.

Diese Maschine wiegt 23 t. Es verfügt über zwei 30,5 × 35,5 cm große Zylinder und ein Antriebsrad mit einem Durchmesser von 2,44 m. Die Zugkraft beträgt etwa 300 t. Es besteht kein Zweifel, dass diese Maschine ohne weiteres eine Geschwindigkeit von 160 km/h erreichen und einen Zug mit Bicycle-Wagen ziehen könnte, der mehr Sitzplätze aufweist als der längste Normalspurzug.

Die Dampfleistung des Kessels ist sehr groß und für die erforderliche Arbeit völlig ausreichend. Die außergewöhnliche Höhe der Feuerbüchse, 1,8 m von

Abb. 91. Bicycle-Lokomotive Nr. 1.

der Sohle bis zum Scheitelblech, bildet eine natürliche Brennkammer, was zu einer großen Sparsamkeit im Brennstoffverbrauch führt.

Diese Maschine erwies sich als schwerer als für die Coney Island Road erforderlich, und die Lokomotive Nr. 2, eine wesentlich leichtere Maschine, wird jetzt an ihrer Stelle eingesetzt.

Bicycle-Lokomotive Nr. 2

Diese Lokomotive wurde zur gleichen Zeit wie die Nr. 1 gebaut, aber nicht als Verbesserung gegenüber dieser Maschine, denn ihr Hauptvorteil war, dass sie viel leichter war.

Dies war besonders vorteilhaft, da wir eine alte, ungenutzte Strecke benutzten, die nicht für starken Verkehr ausgelegt war, und mit dieser leichten Maschine konnten wir auf dieser Strecke eine viel höhere Geschwindigkeit erreichen als mit der Nr. 1. Sie wiegt nur 9 t, aber wenn man die Tanks mit Kohle und Wasser füllt, kann man die Zugkraft erheblich steigern. Das Triebrad hat einen Durchmesser von 1,8 m. Sie hat zwei Zylinder von 25 × 30 cm. Der Kessel steht aufrecht und verfügt über 102 Rohre.

Diese Maschine erreicht eine Geschwindigkeit von 145 km/h, zieht drei Bicycle-Wagen und bietet Platz für 300 Personen; der durchschnittliche Kohleverbrauch beträgt eine halbe Tonne pro Tag.

Wir haben diese Lokomotive seit dem 16. August 1890 ständig im Einsatz und haben die reguläre Strecke, 2,8 km, re-

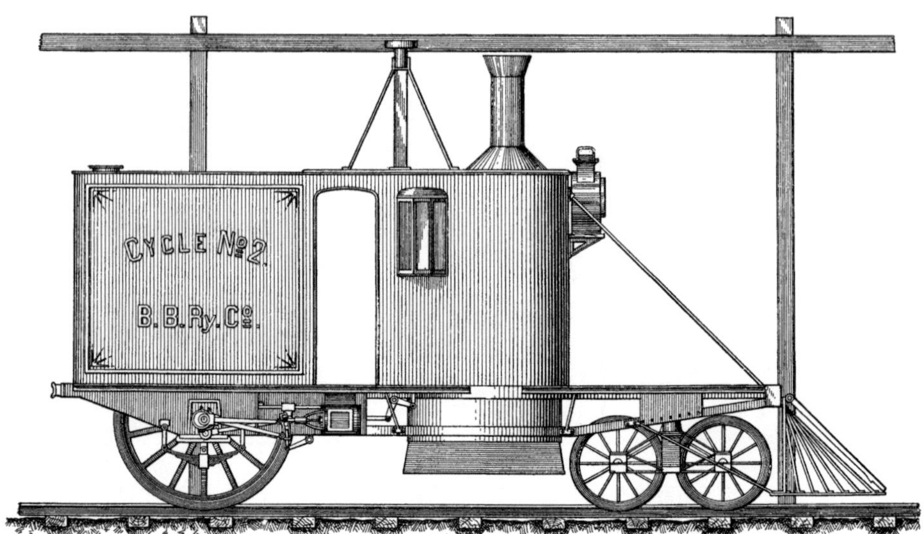

Abb. 92. Bicycle-Lokomotive Nr. 2.

gelmäßig in drei Minuten zurückgelegt. Bei Sonderfahrten die gleiche Strecke in zweieinviertel Minuten, einschließlich Anfahren und Anhalten.

Bicycle-Lokomotive Nr. 3

Diese Maschine ist die beste, die wir bisher entwickelt haben. Gewicht 16 t, Zugkraft 400 t. Die Zylinder haben die gleiche Größe wie die von Nr. 1, 30,5 × 35,5 cm. Durchmesser des Trieb-rades 1,5 m. Die Kurbelwelle ist nur 18 cm lang, so dass problemlos 600 U/min erreicht werden können. Es besteht kein Zweifel, dass diese Lokomotive problemlos eine Geschwindigkeit von 160 km/h halten kann, indem sie zehn Bicycle-Waggons mit 1000 Sitzplätzen und einem Gewicht von etwa 125 t zieht. Das ist mehr als der längste Normalspurzug heute fassen kann. Diese Maschine befindet sich im Bau, und

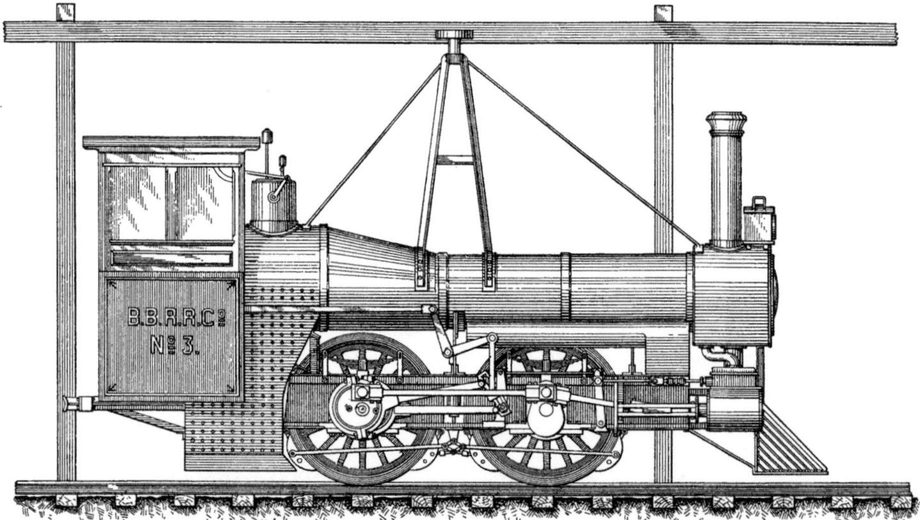

Abb. 93. Bicycle-Lokomotive Nr. 3.

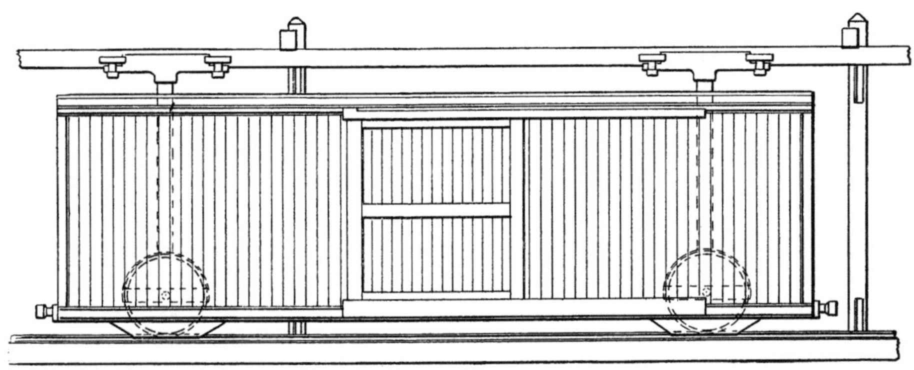

Abb. 94. Geschlossener Bicycle-Güterwagen. 9,1 m lang, 1,5 m breit, 2,75 m hoch. Gewicht 3,5 t, Fassungsvermögen 7 t.

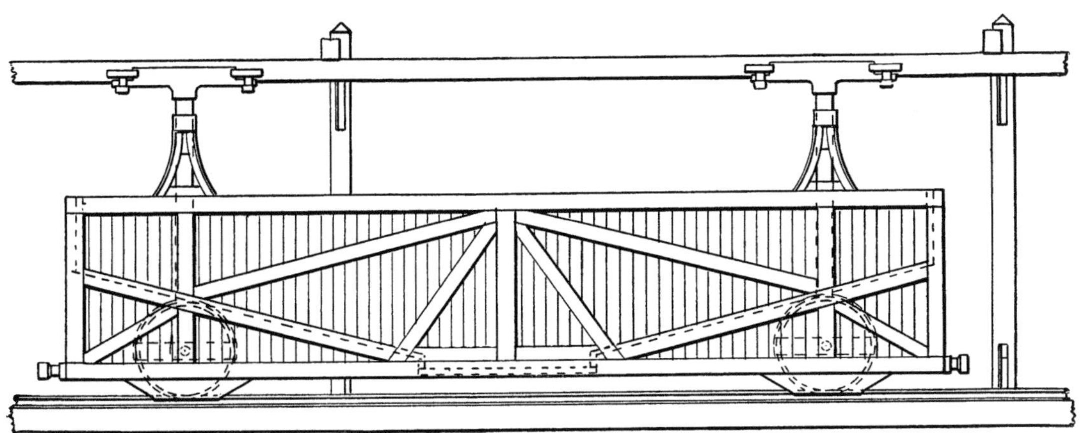

Abb. 95. Bicycle-Güterwagen für Kohle. 7,3 m lang, 1,5 m breit. Gewicht 3,5 t, Fassungsvermögen 7 t.

Abb. 96. Flacher Bicycle-Güterwagen. 9,1 m lang, 1,5 m breit. Gewicht 3 t, Fassungsvermögen 7 t.

wir verfügen über vollständige Arbeits-
zeichnungen aller Details und Verbesserungen, die den modernsten Lokomotiven entsprechen.

Weichen für das Bicycle-System

In *Abb. 97* stellen wir unsere Weiche
vor. Die senkrechte Stange, die von der
Schwelle oder dem Schienenbett bis zur
Oberseite des Oberbaus reicht, ist oben
und unten mit einer Kurbel versehen,
mit der die obere Führungsschiene und

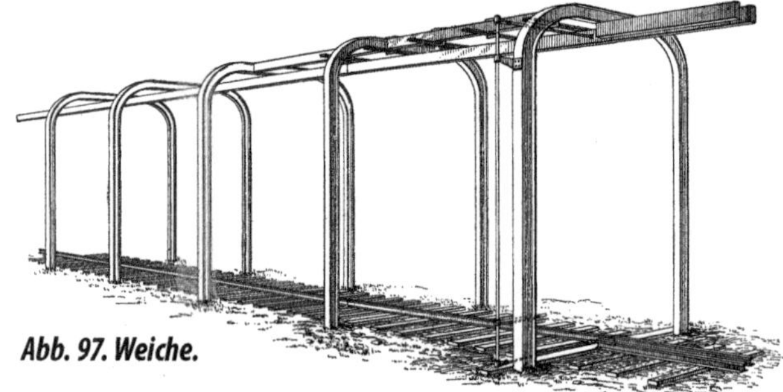

Abb. 97. Weiche.

die untere Schiene gleichzeitig betätigt
werden. Wenn die Weiche vollständig
umgelegt ist, stehen sich die Enden der
Schiene und des Führungsbalkens direkt
gegenüber, so dass die Verbindungen
denen der alten Kurzweichen ähneln.
Diese Weichen werden auf die gleiche
Weise wie die heute verwendeten Wei-

chen bedient und verriegelt. Die Länge
des beweglichen Führungsbalkens und
der unteren Schiene beträgt 9 m. Die
Auslenkung des Führungsbalkens beträgt 45 cm, die der Schiene etwa 15 cm.
Die Differenz zwischen den beiden, also
30 cm, gibt dem Wagen die Neigung,
die das Wechseln der Wagen oder Lokomotiven erleichtert, indem man sie
nach rechts oder links neigt und so die
Reibung verringert. Wir haben zwei
davon auf unserer Strecke nach Coney
Island im Einsatz und hatten keinerlei
Schwierigkeiten beim Rangieren unserer schwersten Lokomotive. Der Lok-
wechsel sieht kompliziert aus, ist aber in
Wirklichkeit sehr einfach und sicher. Es
gibt keine Situation, in der diese Wagen
und Lokomotiven nicht bewegt werden
können.

Bicycle Schlaf- und Wohnwagen

Die *Abb. 98* zeigt den Bicycle Schlaf-
und Wohnwagen. Die obere Etage ist
mit gepolsterten Sitzen für 36 Personen
ausgestattet. In der unteren Etage befinden sich sechs Schlafkabinen mit 90 cm
breiten Kojen. Außerdem gibt es drei
Toilettenräume, von denen sich jeweils
einer zwischen zwei Abteilen befindet.
Das Oberdeck ist an jedem Wagenende

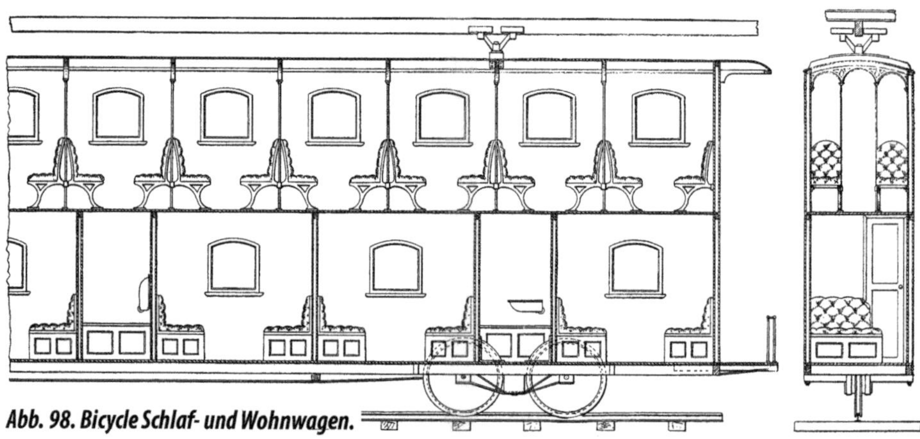

Abb. 98. Bicycle Schlaf- und Wohnwagen.

mit einer Tür ausgestattet, die über eine Wendeltreppe von der unteren Plattform des Wagens aus zugänglich ist. Im Untergeschoss befinden sich die Türen an den Wagenseiten gegenüber jedem Abteil und Toilettenraum. Die Fahrgäste können das Abteil direkt von der Seite oder durch den Toilettenraum betreten. Alle Vorkehrungen für den Komfort und die Bequemlichkeit der Fahrgäste sind für diese Wagen vorgesehen.

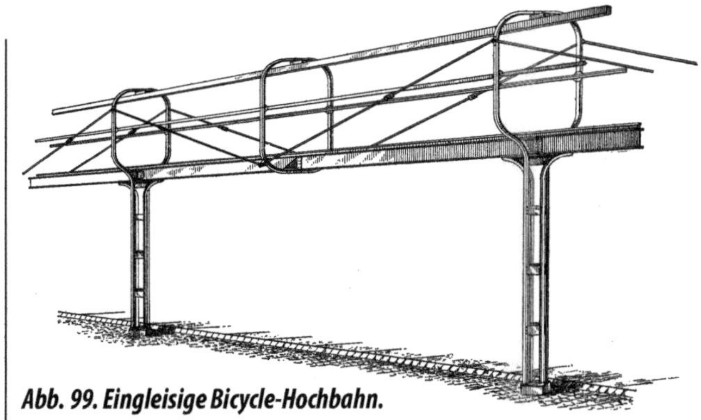

Abb. 99. Eingleisige Bicycle-Hochbahn.

Bicycle-System als Hochbahn

Neben den offensichtlichen Vorteilen des Bicycle-Systems eignet es sich besonders für Hochbahnen in Städten und Vororten. Erstens ist es wegen der Verwendung einer einzigen Schienenreihe nicht notwendig, die Straße vollständig zu verdecken und damit dem Tageslicht zu entziehen, wie es heute vielerorts der Fall ist, sondern es können Bicycle-Konstruktionen gebaut werden, wie *Abb. 99* zeigt, bei denen auf beiden Seiten der Straße auf dem Bürgersteig Masten aufgestellt werden, die den Lichteinfall wenig oder gar nicht behindern.

Alles, was dazu beiträgt, die Straßen vor einem Grundstück zu verdunkeln, führt in gewissem Maße zu einer Wertminderung dieses Grundstücks, da Geschäfte und Wohnungen sicherlich nicht so leicht vermietet werden können wie solche, die den vollen Vorteil des Tageslichts haben. Natürlich machen die Transportmöglichkeiten zu den verschiedenen Orten diesen Mangel in gewissem Maße wett, aber wenn derselbe Zweck und sogar größere Transportmöglichkeiten ohne diese Belästigung in unseren Straßen mit dem Bicycle-System erreicht werden können, sollte

dies sicherlich eine unvoreingenommene Betrachtung wert sein.

Die Bicycle-Züge, die nur ein Drittel so schwer sind wie die heute eingesetzten Züge, werden weniger Lärm verursachen, wenn sie über die Schienen rollen, und da die Kraft, mit der sie bewegt werden, um zwei Drittel geringer ist, werden auch die Auspuffgeräusche entsprechend geringer sein.

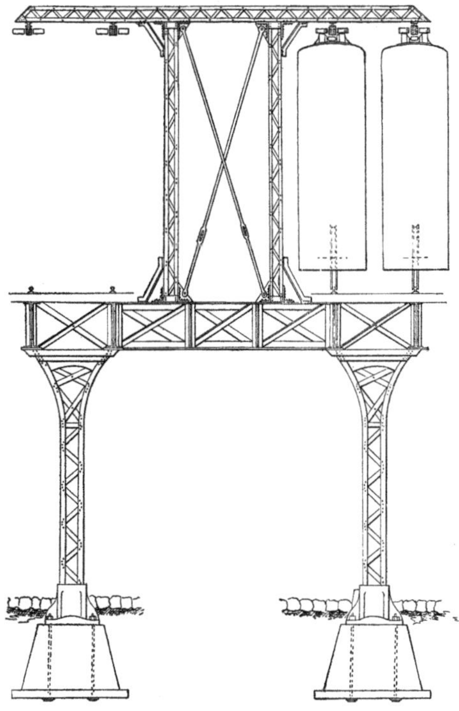

Abb. 100. Das Bicycle-System für die Hochbahn in New York.

Zwei Bicycle-Züge können auf einer Reihe von Pfosten verkehren, so dass genügend Platz bleibt, um sich gegenseitig zu überholen, und sie können auch, wie auf *Abb. 104* gezeigt, auf Pfosten in der Mitte der Straße verkehren, ohne dass der Lichteinfall behindert wird. Ein weiterer enormer Vorteil ist die Wirtschaftlichkeit, mit der die Anlagen gebaut werden können. Eine Bicycle-Konstruktionen, die ausreicht, um zwei Linien aufzunehmen, kann für ein Fünftel der Kosten der derzeitigen Hochbauten in New York City und Brooklyn errichtet werden. Diese Fakten sollten unseren Eisenbahnplanern zu denken geben. Die zahlreichen Vorteile und verlockenden Möglichkeiten dieses Systems sollten zu seiner baldigen Einführung führen. Selbst die heutigen, relativ leichten Hochbahnwagen sind viel zu schwer und erhöhen nur die Betriebskosten. Es wurden Bicycle-Wagen gebaut, die nur 5t wiegen und 108 Personen aufnehmen können, also mehr als doppelt so viele wie diese Wagen fassen können. Einstöckige Bicycle-Wagen können mit einem Gewicht von ca. 3,5t und 54 Sitzplätzen gebaut werden. Das sind Fakten, keine Theorien. Wenn wir in unseren Städten Hochbahnen benutzen müssen, warum sollten wir sie mit unnötigem Gewicht belasten und riesige Summen für Eisenkonstruktionen ausgeben, die schwer genug sind, um ihr Gewicht zu tragen, wenn dies weitgehend vermieden werden kann?

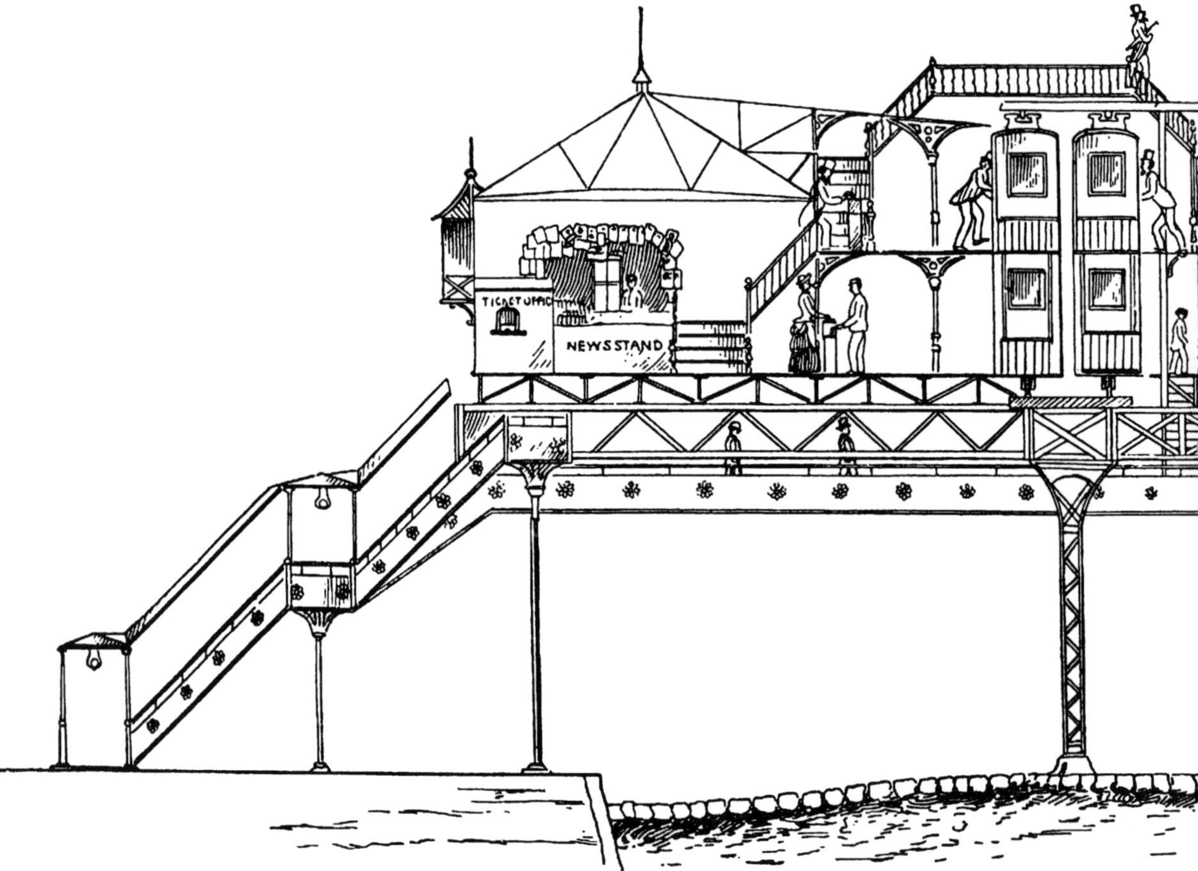

Was kann man mit den bestehenden Bauwerken machen, um einen schnellen Transit zu gewährleisten? Es gibt viele Vorschläge, aber bisher keinen, der praktikabel wäre, es sei denn, man würde etwa 50 000 000 Dollar ausgeben. Am nächsten kommt man einem Schnellverkehr mit einer Durchschnittsgeschwindigkeit von 16 km/h und einigen Stunden morgens und abends, in denen nicht einmal die Hälfte der Fahrgäste sitzen kann, während die anderen wie Sardinen in einer Büchse eingepfercht sind und eine halbe bis dreiviertel Stunde stehen und sich an Gurten festhalten müssen, anstatt den Komfort zu genießen, für den sie bezahlen. Echter Schnellverkehr kann nur auf eine Weise erreicht werden. Zwei weitere Strecken müssen für Schnellzüge befahrbar sein. Das Bicycle-System wird diese beiden zusätzlichen Linien ohne Änderung der Spurweite ermöglichen, so dass vier Züge statt den derzeitigen zwei zur Verfügung stehen, wobei nur die zusätzlichen Kosten für den Oberbau anfallen. Die *Abb. 100* zeigt, wie dies erreicht werden kann. Das erhöhte Bauwerk müsste viel weniger Gewicht tragen, und die Änderung könnte ohne Beeinträchtigung des Betriebs der derzeitigen Züge durchgeführt werden. Viele Fahrgäste, die mit den Hochbahnen in Sea Beach und Brighton Road auf Coney Island gefahren sind, können die Vorteile dieses Systems bezeugen.

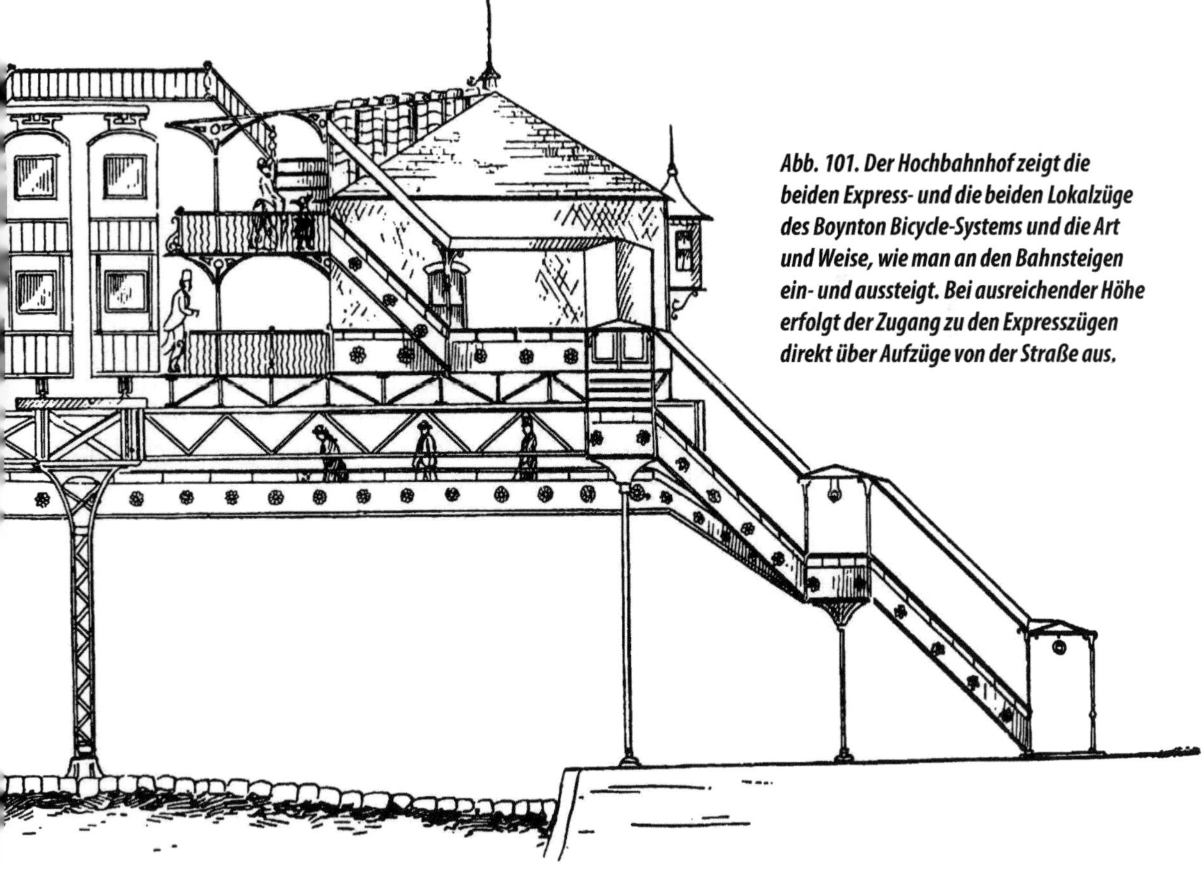

Abb. 101. Der Hochbahnhof zeigt die beiden Express- und die beiden Lokalzüge des Boynton Bicycle-Systems und die Art und Weise, wie man an den Bahnsteigen ein- und aussteigt. Bei ausreichender Höhe erfolgt der Zugang zu den Expresszügen direkt über Aufzüge von der Straße aus.

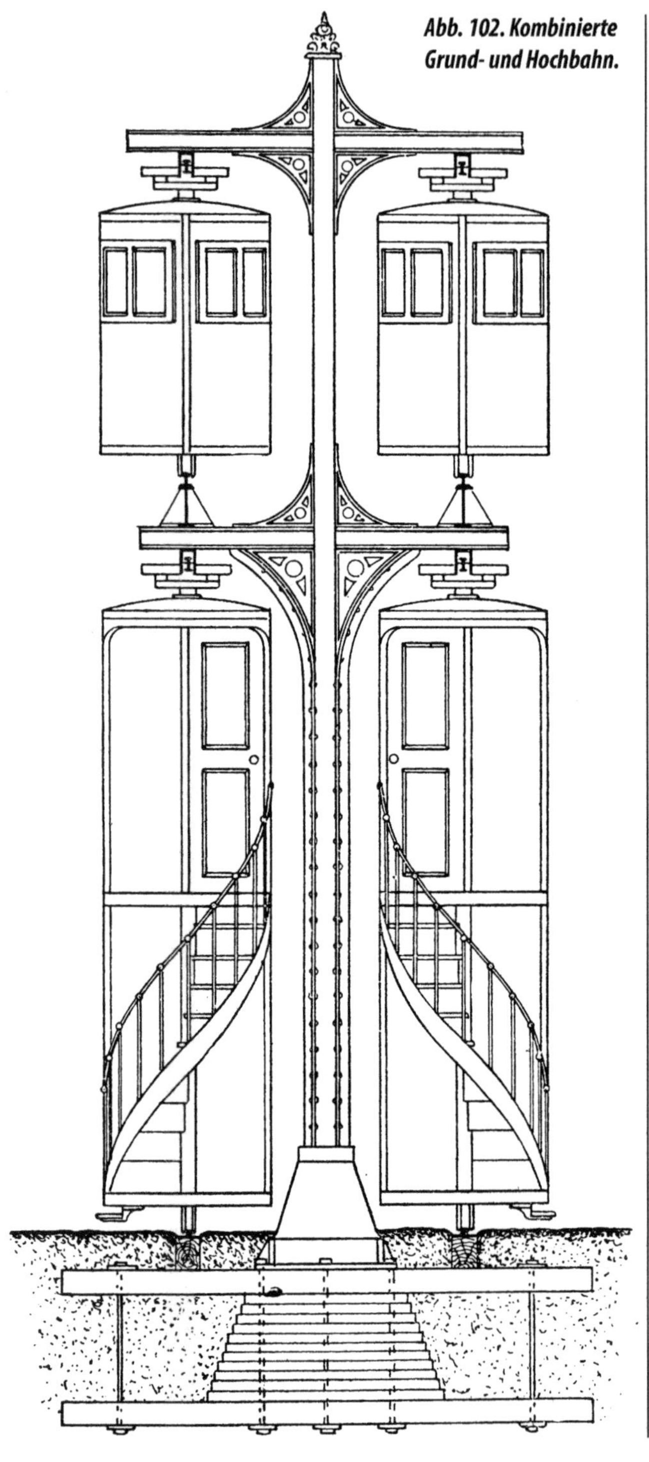

Abb. 102. Kombinierte Grund- und Hochbahn.

Ein weiterer entscheidender Vorteil der Bicycle-Wagen ist der bequeme Ein- und Ausstieg der Fahrgäste, da die insgesamt 36 Türen einen sofortigen Ausstieg ermöglichen. Ein mit 108 Personen besetzter Wagen kann in wenigen Sekunden entleert werden. Es bedarf keiner Argumente, um zu zeigen, dass 36 Türen ein schnelleres Entleeren und Befüllen ermöglichen als zwei. Die Schwierigkeit, einen mit 80 oder 90 Personen besetzten Waggon schnell zu entleeren und sie durch einen Gang zu zwingen, ist uns allen bekannt, da wir dies alle schon einmal versucht haben, ganz zu schweigen von den Unannehmlichkeiten, sich durch einen mit stehenden Personen besetzten Waggon zu drängen, um an der gewünschten Station aussteigen zu können. Die Wartezeiten an den Bahnhöfen, um das Ein- und Aussteigen zu ermöglichen, sind ein nicht zu vernachlässigendes Hindernis für den gewünschten schnellen Transit, da sie im Durchschnitt fast so lang sind wie die Zeit, die man benötigt, um von Bahnhof zu Bahnhof zu fahren.

Die Bicycle-Wagen werden diese Schwierigkeit beseitigen und jede Gelegenheit bieten, an den Bahnhöfen Zeit zu sparen, die bei 40 oder 50 Haltestellen beträchtlich ist. Die Einnahmen der Hochbahnen können beträchtlich erhöht und die Kosten gesenkt werden, während gleichzeitig die von der Öffentlichkeit gewünschte und viel beschworene Schnellbahn zur Verfügung steht. Es gibt gute Gründe für die Annahme, dass Hochbahn-Schnellzüge eine Durchschnittsgeschwindigkeit von 65 km/h erreichen und nur die wichtigsten Haltestellen bedienen werden, während Nahverkehrszüge die derzeitige Durchschnittsgeschwindigkeit mehr als verdoppeln könnten.

Elektrizität für das Bicycle-System

Zusätzlich zu den zahlreichen Vorteilen, die das Bicycle-System gegenüber allen anderen Systemen hat, wird der Ersatz von Dampf durch Elektrizität diese Vorteile erheblich steigern und zweifellos zeigen, dass dieses System besser als jedes andere bekannte System für die Nutzung dieser Antriebskraft geeignet ist.

Der erste und vielleicht wichtigste Punkt, der für diese Lösung spricht, ist die Verwendung der oberen Führung zur Einfassung des elektrischen Leiters. Die Vorteile dieser Kombination brauchen nicht weiter erläutert zu werden, da sie für jeden, der mit der Übertragung elektrischer Energie vertraut ist, offensichtlich sind. Eine der vielen Schwierigkeiten, die untrennbar mit dem heutigen Hängebahnsystem verbunden sind, ist die ordnungsgemäße Isolierung des Leiters, da für die Stromübertragung vom Leiter zum Wagen eine metallische Fläche frei bleiben muss, die natürlich ohne

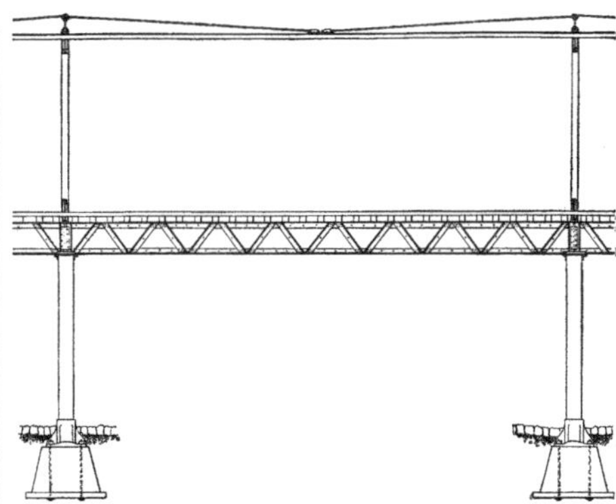

Abb. 103. Seitenansicht einer Hochbahn-Konstruktion.

isolierende Abdeckung bleibt. Er ist daher nicht nur gefährlich für jeden, der mit ihm in Berührung kommt, sondern stellt auch eine ständige Gefahr für die öffentliche Sicherheit dar, wie die zahlreichen Unfälle zeigen, die sich ereignet haben, weil Telegrafendrähte mit Stromleitungen in Berührung gekommen sind. Die Verwendung von Schutzdrähten zur

Abb. 104. Einpfostige, zweigleisige, stählerne Bicycle-Hochbahn zur Verwendung auf Straßen in Dörfern und Städten. Kosten pro Meile 65 000 $.

Abb. 105. Ein elektrischer Bicycle-Triebwagen im praktischen Einsatz in Bellport auf Long Island. Er wurde 12 000 km gefahren und erreichte auf einer Strecke von 2,4 km eine Geschwindigkeit von 96 km/h.

Abb. 106. Frontansicht des Triebwagens ›Rocket‹ in Bellport auf Long Island, mit Blick auf das Kraftwerk und die Konstruktion der Eisenbahnstrecke.

Verhinderung solcher Berührungen löst das Problem nur teilweise und trägt sicherlich nicht zur Popularität des Oberleitungssystems bei. Da der Leiter offen liegt, ist er allen Witterungseinflüssen wie Eis, Schnee und Regen ausgesetzt.

Ein weiteres Problem ist die schwierige Kontaktierung des Leiters. Der Leiter wird nur an weit voneinander entfernten Punkten abgestützt und hängt zwischen diesen Punkten durch, was eine zuverlässige Stromabnahme erschwert. Der Kontakt ist nicht dauerhaft, ganz zu schweigen von der Gefahr, dass der Wagen ihn ganz verliert. Da der Draht in Kurven nur geradlinig von Punkt zu Punkt geführt werden kann, ist zwangsläufig ein großes und unansehnliches Drahtnetz erforderlich. Selbst mit dieser zusätzlichen Kurvenhilfe ist es wegen der Neigung des Wagens, den Kontakt zu verlieren, unmöglich, diese Stellen mit mehr als einer relativ langsamen Geschwindigkeit zu passieren.

Dies sind einige der Nachteile des elektrischen Trolleysystems, die durch den Einsatz von Elektrizität im Bicycle-System vollständig vermieden werden. Der Leiter ist sicher in der Deckenführung eingebettet und von allen Seiten mit Ausnahme der Unterseite mit Isoliermaterial umgeben. Lediglich an der Unterseite der Führungsschiene verbleibt ein schmaler Schlitz, durch den der Stromabnehmer fährt und Kontakt mit dem Leiter aufnimmt. Der Leiter passt sich auf natürliche Weise den Kurven des Führungsbalkens an und wird sicher und stabil gehalten, ohne sich in irgendeine Richtung zu bewegen. Da sie oben und an den Seiten verkleidet ist, ist sie vollständig vor Witterungseinflüssen geschützt und bleibt immer trocken und sauber. Ein versehentliches Berühren eines anderen Leiters oder eine Gefährdung von Personen ist ausgeschlossen. Da die Stromschiene eine durchgehende Auflage hat und immer parallel zur Tragschiene verläuft, ist ein sicherer Kontakt bei hohen Geschwindigkeiten gewährleistet, und da der Führungsbalken, der die Stromschiene hält, leicht gebogen werden kann, um sich den Kurven anzupassen, werden alle Schwierigkeiten bei der Bildung oder Abrundung von Kurven beseitigt. Der Schlitz im Führungsbalken bildet eine mäßig tiefe Nut, die verhindert, dass der Leiter verlassen wird. Ein weiterer Vorteil des Bicycle-Systems ist die Nähe von Wagenoberteil und oberer Führung, die nur einen sehr kurzen Trolley-Arm anstelle des derzeit verwendeten langen und schwerfälligen Arms erfordert, der ein großes Momentum und damit die Unmöglichkeit, mit nennenswerter Geschwindigkeit zu fahren, mit sich bringt. Da der Leiter so sicher isoliert ist, wird er sicherlich die Übertragung einer viel höheren Spannung mit ihren vielen Vorteilen ermöglichen, ohne die Risiken, denen die derzeitigen elektrischen Bahnen ausgesetzt sind.

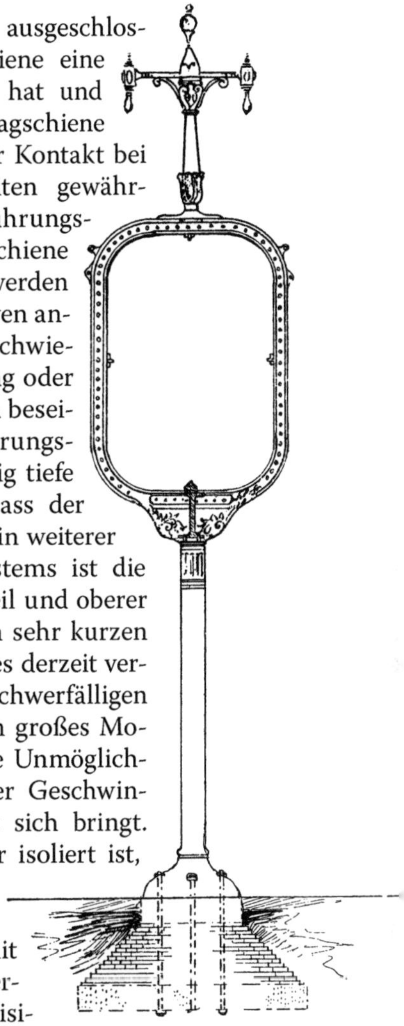

Abb. 107. Eingleisige Bicycle-Hochbahn-Konstruktion.

Dies sind nur einige der vielen Vorteile, die sich direkt aus der Nutzung des Bicycle-Systems ergeben, aber es gibt auch andere, die sich indirekt ergeben und vielleicht genauso wichtig sind.

Die Schwierigkeit des heutigen Bahnmotors besteht darin, dass die zum Befahren von engen Kurven erforderliche Leistung aufgrund der Spurweite und der daraus resultierenden Schleif- und

Verkeilungsvorgänge sowie der großen Rollreibung so viel höher sein muss als auf gerader Strecke, dass der Motor schwer und leistungsstark genug ausgelegt sein muss, um in jedem Fall den Zweck zu erfüllen. Die Vorteile des Bicycle-Systems bei Kurvenfahrt und geringer Rollreibung wurden auf den vorhergehenden Seiten beschrieben. Es ist offensichtlich, dass der Motor wesentlich leichter gebaut werden kann. In Kombination mit leichten Bicycle-Wagen kann eine höhere Geschwindigkeit erreicht werden, ohne Abstriche machen zu müssen. Ein weiterer Nachteil der heutigen schweren Wagen und Motoren ist die Notwendigkeit, den Motor zu drosseln, um genügend Leistung zum Anfahren des Wagens zu erhalten, ohne dass der Anker durchbrennt. Der Motor unserer neuen Elektrolokomotive hat nur eine feststehende Welle, auf der sich der Anker und das Rad drehen, und kann sich außerdem um eine vertikale Achse drehen, um Kurven fahren zu

können. Dies ersetzt die Zwischenwellen der heutigen Getriebemotoren, deren Reibung und Störanfälligkeit hohe Geschwindigkeiten unmöglich machen. Die wesentlich leichteren Bicycle-Wagen ermöglichen es, den Anker direkt mit der Antriebswelle zu koppeln, ohne dass ein Zwischengetriebe mit all seinen Nachteilen erforderlich ist. Da sich der Motor im Wagen selbst befindet, ist er völlig frei von Staub und Schmutz, denen die heute verwendeten Wagen ausgesetzt sind, und jedes Teil ist immer in Sicht und Reichweite des Ingenieurs. Jeder, der die Schwierigkeiten kennt, die mit der Überwachung, der Sauberkeit und der richtigen Einstellung der heutigen Eisenbahnmotoren verbunden sind, wird die Vorteile, die sich daraus ergeben, voll und ganz zu schätzen wissen. Es liegt auf der Hand, dass der abgehende und der ankommende Strom durch getrennte Leiter in den oberirdischen Fahrleitungen geführt werden können, oder, wenn dies vorzuziehen ist, der

Abb. 108. Das Innere des elektrischen Triebwagens ›Rocket‹.

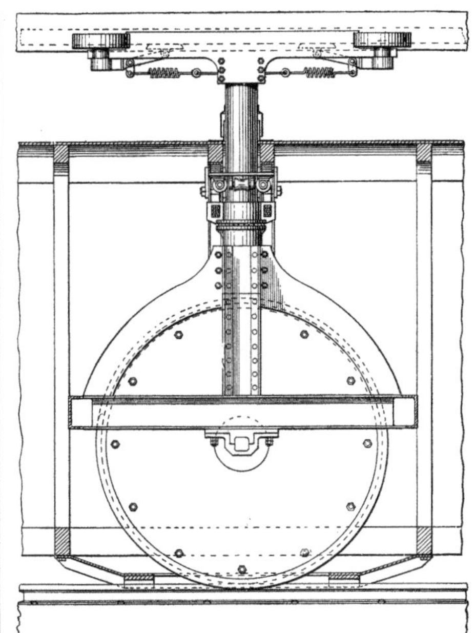

Abb. 109. Seitenansicht eines Rades mit eingeschlossenem Motor und Anker als Teil des Rads sowie die Methode zur Stromabnahme vom Leiter.

Rückstrom durch die Tragschiene geleitet werden kann.

Jeder Wagen verfügt über einen eigenen Motor und ist somit völlig unabhängig, was das Umsteigen oder den Wechsel von einem Gleis auf ein anderes erleichtert. Außerdem können die Züge fast beliebig lang sein, da jeder Wagen seine eigene Traktion hat und eine größere Anzahl von Fahrgästen die Traktion erhöht, so dass kein zusätzliches Eigengewicht erforderlich ist. Anders verhält es sich bei einer Lokomotive, die einen langen Zug zieht, denn das Hinzufügen mehrerer Wagen wirkt der Traktion des ersten Wagens entgegen und muss durch ein entsprechendes Gewicht der Lokomotive ausgeglichen werden. Bei der Zusammenstellung eines Zuges aus diesen unabhängigen Wagenmotoren ermöglichen flexible elekt-

rische Verbindungen dem Lokführer im vorderen Wagen die Steuerung aller Motoren und damit den Betrieb des gesamten Zuges.

Die *Abb. 104* zeigt den Bicycle-Elektrowagen und die Konstruktion für eine elektrische Hochbahn. Wagen und Motor wiegen zusammen nur etwa 6 t. Mit dieser Kombination kann eine sehr hohe Geschwindigkeit erreicht werden. Ohne die von Elektromotoren bereits erreichte Drehzahl zu überschreiten, wären 240 km/h machbar. Experten haben die Meinung geäußert, dass Elektrizität die Antriebskraft der Zukunft sein wird. Wenn das stimmt, und einige der jüngsten elektrischen Experimente scheinen darauf hinzudeuten, dann sollte ein System verwendet werden, das in jedem Fall absolut sicher ist, denn die Öffentlichkeit wird sicherlich kein System bevorzugen, das ihr Leben oder ihr Eigentum gefährdet.

Die Wagen sind an jedem Ende mit einem gerillten Metallbügel versehen, in dem sich die Räder drehen,

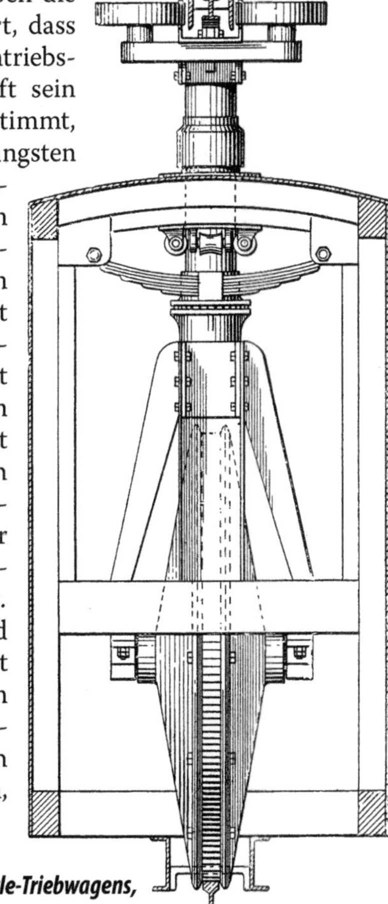

Abb. 110. Schnittdarstellung eines Bicycle-Triebwagens, mit Sicherungsbügel an der Unterseite des Wagens und der Aufhängung an den Federn oben am Motorrahmen.

so dass, wenn aus irgendeinem Grund ein Rad brechen sollte, der Wagen nur so weit absinkt, dass diese Rille auf der Schiene gleiten könnte, die Führungsräder aber nicht aus dem oberen Führungsbalken ausbrechen können.

ist derzeit ein elektrisches System in Betrieb, bei dem im Falle einer Annäherung von Zügen eine Glocke im Führerstand des nachfolgenden Zuges ertönt, um den Triebfahrzeugführer auf die Gefahr aufmerksam zu machen und so lange zu ertönen, bis ein sicherer Abstand zwischen den Zügen hergestellt

Abb. 111. Elektrischer Triebwagen ›Rocket‹ in Bellport auf Long Island.

Zu Kollisionen kann es aus vielen Gründen kommen, auch wenn für abfahrende und ankommende Züge getrennte Gleise vorhanden sind, es sei denn, es sind Mittel vorhanden, um eine solche Kollision zu verhindern. In Österreich ist. Im Führerstand kann auch eine Skala angebracht werden, die die Position der einzelnen Züge und ihren relativen Abstand zueinander anzeigt. Jede dieser Möglichkeiten würde die Möglichkeit einer Kollision ausschließen. ❐

Kreiselstabilisierte Bahnen

Abb. 112. Einschienenbahn System Brennan.

Einschienenbahn System Brennan

BERLINER TAGEBLATT – TECHNISCHE RUNDSCHAU • 21.8.1907

Die in *Abb. 113 u. 114* in Ansicht dargestellte Einschienenbahn ist von dem Engländer Louis Brennan erfunden und der Royal Society in London an einem Modell vorgeführt worden, das so groß ist, dass es eine Person im Gewicht von 75 kg aufnehmen kann.

Das Prinzip, auf dem die Konstruktion der Brennanschen Eisenbahn beruht, ist das der Kreiselbewegung, das wir in großem Maßstabe bei der Bewegung der Himmelskörper beobachten und das in *Abb. 115* schematisch dargestellt ist. Von technischen Anwendungen des Kreiselprinzips ist der zur Dämpfung des Schlingerns von Schiffen bestimmte Schlicksche Schiffskreisel in neuester Zeit allgemein bekannt geworden. Im übrigen spielte der Kreisel bisher nur als Kuriosität im physikalischen Kabinett und als Spielzeug in der Kinderstube eine Rolle.

Charakteristisch für das neue Bahnsystem ist es nun, dass jeder einzelne Wagen sich sowohl beim Stillstand wie in voller Fahrt auf einer einzigen gewöhnlichen Schiene im Gleichgewicht erhält, obwohl sein Schwerpunkt etwa 1 m oberhalb der Schienen liegt, und zwar ganz unabhängig von jeder äußeren Beeinflussung, wie z. B. der Einwirkung starker Winde. Der zur selbsttätigen Erzielung dieser hervorragenden Stabilität dienende Mechanismus ist außerordentlich einfach. Er ist auf dem Wagen selbst angebracht und besteht

Abb. 113. Louis Brennan und seine Assistenten posieren im Mai 1907 mit einem Modell der Monorail.

gemäß *Abb. 115* im Wesentlichen aus zwei durch Elektromotoren mit außerordentlicher Geschwindigkeit in entgegengesetzter Richtung direkt angetriebenen Schwungrädern, die derart montiert sind, dass ihre Kreiselwirkung und aufgespeicherte Energie voll ausgenutzt werden kann. Diese Schwungräder sitzen in Lagern innerhalb luftleer gemachter Büchsen, so dass Luft- und Lagerreibung auf ein Mindestmaß herabgesetzt sind und die zur Aufrechterhaltung einer schnellen Umdrehung erforderliche Kraft ganz gering sein kann.

Die beim Rotieren mit voller Geschwindigkeit in den Schwungrädern aufgespeicherte Energie ist so bedeutend und die Reibung so gering. dass die Räder nach vollständiger Ausschaltung des sie antreibenden Stromes noch mehrere Stunden lang mit genügender Geschwindigkeit laufen sollen, um den Wagen im Gleichgewicht zu erhalten. Der ganze Mechanismus nimmt nur wenig Raum ein und wird am besten am Ende des Wagens untergebracht. Auch sein Gewicht ist nur gering und beträgt höchstens 5 % der Gesamtbelastung.

Die Wagenräder sind nicht wie bei gewöhnlichen Eisenbahnwagen in zwei an der Seite gelegenen Reihen, sondern in einer einzigen Reihe unterhalb der Schwungräder angebracht. Sie sitzen auf Drehgestellen, die nicht nur in waagerechten, sondern auch in senkrechten Kurven Drehungen erfahren. Die Wagen können daher Kurven durchlaufen, deren Halbmesser noch kleiner als die Wagenlänge ist; ebenso können sie gekrümmte Schienen sowie sehr unebenes Terrain ohne Gefahr des Entgleisens passieren.

Abb. 114. Vorführung eines Modells der Monorail bei der Royal Society in London im Mai 1907.

Die Antriebskraft wird (je nachdem die örtlichen Verhältnisse der einen oder anderen Betriebsweise den Vorzug geben) durch Dampf, Petroleum, Gas oder Elektrizität geliefert. Zunächst soll jedoch eine durch einen Benzinmotor betriebene Dynamomaschine in Anwendung kommen, die auf dem Wagen selbst angebracht ist und den Strom an die Triebräder sowie an die Stabilitätskreisel liefert. Derartige Wagen würden auch den Vorzug unmittelbarer Betriebsbereitschaft besitzen, da die Kreiselräder während des Stillstandes

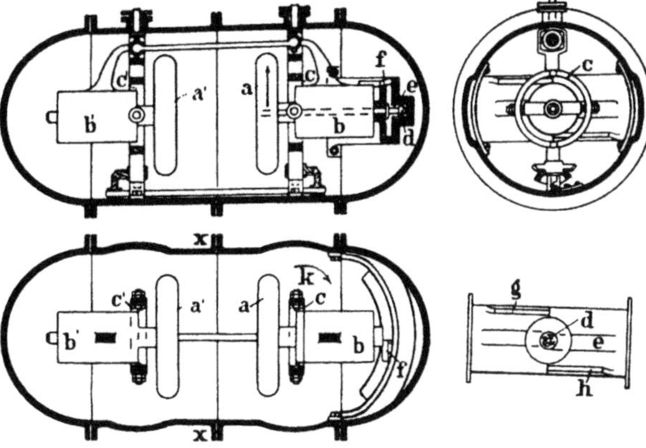

Abb. 115. Anordnung der Schwungräder bei der Monorail System Brennan.

Abb. 116. Prottyp der Brennan Monorail im Oktober 1909.

Abb. 117. Vorführung der 35 km/h schnellen Brennan Monorail 1910.

der Maschine durch den Strom einer kleinen Akkumulatorenbatterie in fortdauernder Rotation erhalten werden könnten.

Alle Räder werden direkt angetrieben. Beim Betrieb auf hügeligem Boden werden Geschwindigkeits-Wechselgetriebe benutzt. Die Bahn kann mit freilaufenden Rädern mit großer Geschwindigkeit bergab fahren und auf diese Weise eine vorzügliche Durchschnittsgeschwindigkeit erzielen.

Da allem Anschein nach Wagen, die im Verhältnis zu ihrer Länge breiter als die gewöhnlichen Wagen sind, sich im Betrieb wirtschaftlicher erweisen werden, wird der Versuchswagen 3,6 m, d. h. anderthalbmal so breit wie gewöhnliche Wagen gemacht. Bei Bauarbeiten in den Kolonien dürften jedoch Wagen von mindestens doppelter und dreifacher Breite zur Verwendung kommen.

Alle Räder sind mit Bremsen versehen, die entweder von Hand oder mit Druckluft betrieben werden können.

Die Schiene ist von gewöhnlichem Querschnitt und braucht nur gerade ebenso schwer zu sein, wie Schienen gewöhnlicher Bahnanlagen, um bei gleicher Radzahl die gleiche Last zu tragen. Die Eisenbahnschwellen brauchen sogar nur halb so lang wie die gewöhnlicher Bahnanlagen zu sein.

Es ist leicht zu verstehen, dass man nach dem neuen System mit ganz geringem Kostenaufwand fliegende Eisenbahnlinien über unebenes Terrain legen könnte; hierbei würden besondere, gleichfalls nach dem Einschienensystem konstruierte und mit elektrischen Vorrichtungen versehene Bauwagen zum Verlegen der Schienen benutzt werden. Derartige Bahnen würden z. B im Krieg eine hervorragende Bedeutung gewinnen, da man mit ihrer Hilfe einem vorwärtsdringenden Heer folgen und dieses mit allem Erforderlichen versorgen könnte.

Der Verbrauch an Brennmaterial ist bei dem neuen Bahnsystem bedeutend geringer als bei gewöhnlichen Bahnlinien, da jede Seitenreibung in Kurven fehlt und die Wagen ohne Erschütterung laufen. Infolge dieses ruhigen Ganges ist nicht nur das Fahren auf derartigen Bahnen weit angenehmer als auf unseren jetzigen Eisenbahnen, auch der Erzielung höherer Geschwindigkeiten sind keine so engen Grenzen gesetzt.

Die Versuche mit dem eine Person fassenden Modell sind günstig verlaufen; ob sich das System auch in größerer Ausführung für die Praxis bewähren wird, kann natürlich erst durch weitere Versuche ermittelt werden.

• Dr. Alfred Gradenwitz

Neue Schnellbahnen

Die Woche • 19.6.1909

Unter dem Titel ›*Ein neues Schnellbahnsystem, Vorschläge zur Verbesserung des Personenverkehrs von August Scherl*‹, ist in diesen Tagen eine umfangreiche Denkschrift erschienen. Das Werk behandelt in drei Kapiteln die Krisis im gegenwärtigen Eisenbahnsystem, das neue System, das diese Krisis beseitigen soll, und endlich die wirtschaftlichen und sozialen Vorteile und Fortschritte, die solcher Verkehrsverbesserung auf dem Fuße folgen dürften.

Was zunächst das erste Kapitel angeht, so dürfte wohl die Mehrzahl aller Leser mit dem Herausgeber der Denkschrift darin übereinstimmen, dass unsere heutigen Verkehrsverhältnisse sehr viel zu wünschen übriglassen. Unser heutiges Eisenbahnwesen befindet sich in einer bedenklichen Klemme. Während der Verkehr und das Verkehrsbedürfnis beständig wachsen, gestattet die gegenwärtige Verkehrs- und Betriebsorganisation eine Steigerung der Leistungen nur in beschränktem Maße. So kommt es, dass uns an vielen Stellen das unleidliche Motto vom Ende der Leistungsfähigkeit entgegentönt. Wir kennen es in Berlin speziell von der Stadtbahn her. Aber auch im Industriebezirk von Rheinland und Westfalen ist die gleiche Lösung nur zu wohlbekannt. Dort müssen viele Kohlen liegen bleiben, viele Feierschichten gemacht werden, weil die Eisenbahn nicht imstande ist, die geforderte Verkehrsleistung zu schaffen. Seit 10 Jahren haben diese Zustände beängstigende Dimensionen angenommen, und wie unser Verkehr sich in 20 Jahren abspielen soll, wenn nicht gründliche Besserung geschaffen wird, daran wagt gerade der gewissenhafte Verkehrstechniker kaum zu denken.

Untersuchen wir nun die Ursachen, die dem Versagen unseres gegenwärtigen Verkehrssystems zugrunde liegen. Da ist zunächst die Zusammendrängung des Personen- und Güterverkehrs auf die gleichen Strecken. Es ist ein historisches Erbteil, aus alter Zeit übernommen. Auch auf der alten Landstraße verkehrten ja durcheinander Frachtwagen und Personenfahrzeuge. Dass man das alte Schema ohne weiteres auf die Eisenbahnen übertrug, droht heute zum Verhängnis zu werden. Man wird eine reinliche Scheidung durchsetzen müssen. Man wird die gegenwärtigen Anlagen, in denen ja viele tausend Millionen, ein beträchtlicher Teil des Volksvermögens, stecken, für die Bewältigung des Güterverkehrs allein bestimmen müssen und den Personenverkehr auf ganz neuen Wegen und mit ganz neuen Mitteln zu bewerkstelligen haben.

Bereits dieser erste Vorschlag mag manchen allzu kühn und vor allem unwirtschaftlich erscheinen. Aber diese Annahme ist irrig. Der Güterverkehr bedeutet nach der Bruttoeinnahme schon heute ¾ des gesamten Verkehrs überhaupt, und er stellt den recht eigentlich gewinnbringenden Teil unserer Eisenbahnbetriebe dar. Er wird also wohl das in den alten Bahnen angelegte Kapital verzinsen und amortisieren, so dass bei einer solchen Reform alle bedenklichen Erschütterungen des wirtschaftlichen Lebens glücklich vermieden werden.

Hat man sich mit dem Gedanken einer solchen Trennung einmal vertraut gemacht, so bietet sich nun die Möglichkeit, für den Personenverkehr ein ganz neues System durchzuführen, ihn unbeirrt und unbeengt durch allerlei alte Normalien und Rücksichten mit den allermodernsten Mitteln und mit dem besten Wirkungsgrade zu betreiben.

betreiben und ihr Kapital recht gut verzinsen und amortisieren. Es kommt dabei nicht nur auf das Was, sondern auch auf das Wie an. Wenn bei der Betreibung der gleichen Sache die Berliner Straßenbahn ihr Kapital mit mehr als 8 % verzinst, die Berliner Hochbahn 5 % verdient und die Stadtbahn kaum 2 % des investierten Kapitals einbringt,

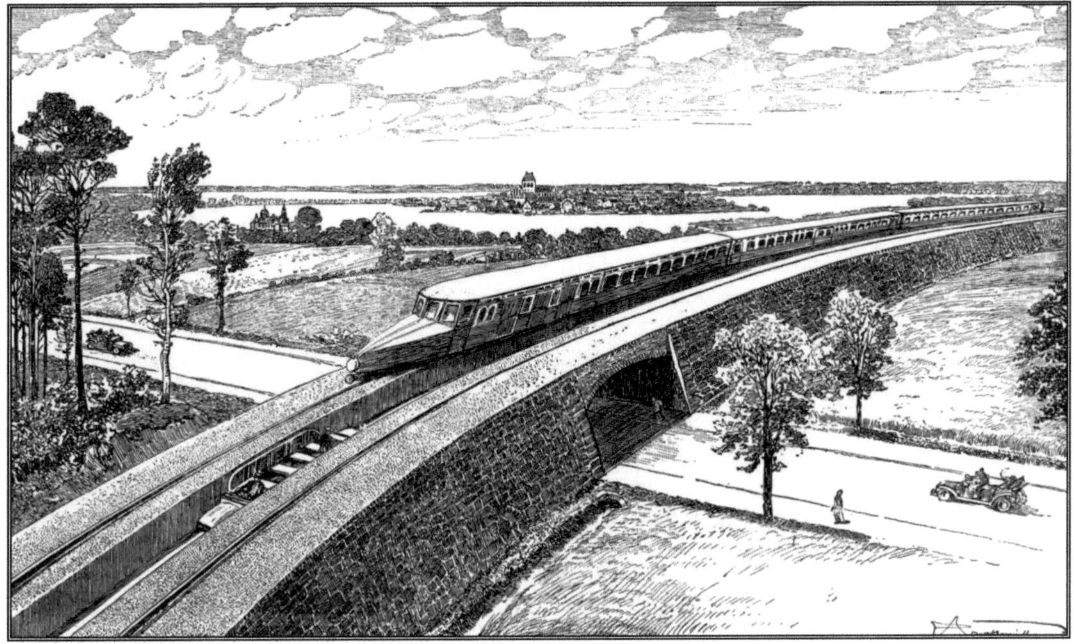

Abb. 118. Die Strecke der Fernschnellbahn.

Aber, so wird man wieder einwenden, wenn der Personenverkehr jetzt bereits ein sehr mäßiges Geschäft ist, der überhaupt nur durch die Überschüsse des Güterverkehrs mit genährt und getragen wird, so wird doch die Errichtung eines besonderen Netzes für reinen Personenverkehr wirtschaftlich gar nicht durchführbar sein. Der Einwurf ist irrig. Wir haben zahlreiche Verkehrsunternehmungen, es seien nur die elektrischen Straßenbahnen und die Berliner Hoch- und Untergrundbahn genannt, die reinen Personenverkehr mit sehr viel moderneren Mitteln als die Staatsbahn

so gibt das immerhin zu denken. Diese Zahlen beweisen, dass der Umstand, dass einer mit einer Sache kein Geschäft macht, noch nicht unbedingt für die Unrentabilität der Sache selbst spricht. Insbesondere wird auch der Einfluss der modernen technischen Mittel in Rechnung zu stellen sein. Man wird ja in der Tat einen Betrieb, der mit veralteten Mitteln nicht wirtschaftlich geführt werden kann, mit verbesserten Mitteln rentabel gestalten können.

Damit aber kommen wir zu weiteren

Ausführungen der Denkschrift. Ein neues System für den Personenverkehr wird naturgemäß ganz andere Geschwindigkeiten aufweisen müssen als die alten Linien. Die Forderung lautet auf 200 km/h. Dazu aber ist zunächst einmal die alte Dampflokomotive ganz und gar unbrauchbar. Ihre Arbeitsweise wird bei Überschreitung von 100 km/h sowohl technisch wie auch wirtschaftlich so bedenklich, dass sie ernstlich nicht mehr in Betracht kommen kann. Die Fahrzeuge eines zukünftigen Personenverkehrs werden selbstverständlich elektrisch betrieben werden müssen. Aber auch damit sind die Schwierigkeiten noch nicht aus dem Wege geräumt. Die Schnellbahnfrage hängt keineswegs allein von der Art des rollenden Materials, sondern noch vielmehr von der des Gleises ab. Das heute allgemein gebräuchliche zweischienige Gleis ist für einen regulären Schnellbahnbetrieb nicht brauchbar. Es bietet einmal in den Kurven enorme technische Schwierigkeiten. Ferner wird seine Unterhaltung bei den geforderten hohen Geschwindigkeiten derartig teuer, dass die Wirtschaftlichkeit des ganzen Systems gefährdet erscheint.

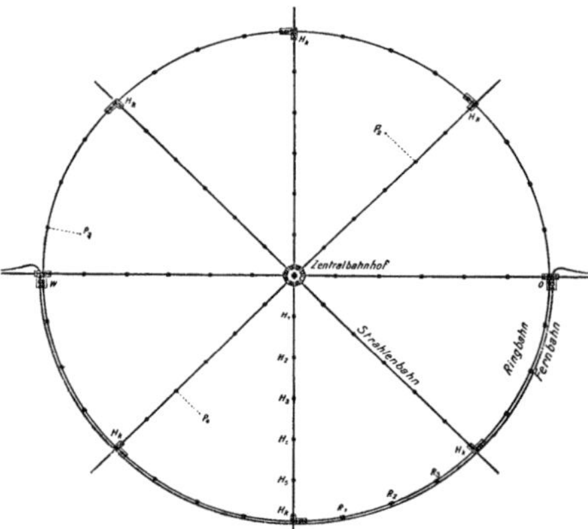

Abb. 120. Das Radial-Peripheriesystem der Großstadt.

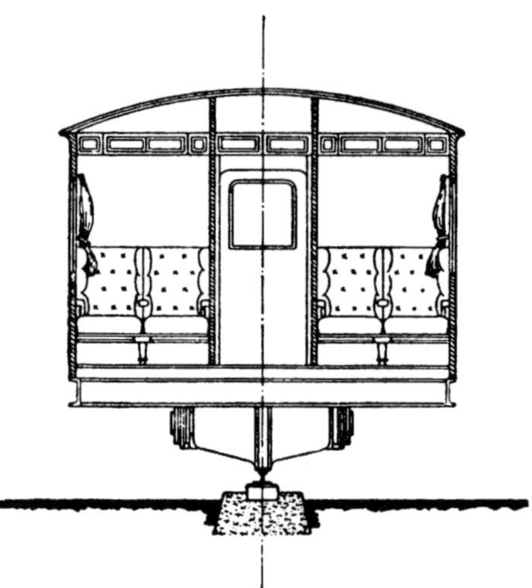

Abb. 119. Die echte Einschienenbahn.

Man muss eine andere Art des Gleises suchen, und die einzig brauchbare Form ist das einschienige Gleis. Das Betriebsmittel, das auf diesem Gleis verkehren wird, ist der einspurige, durch Kreiselapparate stabilisierte Wagen. Die aufrichtende Kraft des Kreisels ist ja seit langem bekannt. Man kann sie bereits am Kinderspielzeug beobachten, und die Technik beginnt sie immer mehr für Stabilisierungszwecke, beispielsweise für die Stabilisierung von Aeroplanen, aber auch für die von Fahrzeugen heranzuziehen. Freilich haben beispielsweise die Engländer, so eifrig sie an dem Problem arbeiten, bis jetzt wenig erfreuliche Erfolge zu verzeichnen gehabt.

Also, so wird der Leser sagen, liegt auch dies einschienige System noch in weiter Ferne, ist mehr oder weniger Utopie. Nicht ganz! An der Stelle, an der die Denkschrift diese Dinge behandelt, findet sich der Passus: »Ich selbst habe in eigenen Versuchswerkstätten eingehende Studien über die Stabilisierung von Fahrzeugen mit Hilfe von gyrostatischen Apparaten anstellen lassen. Es sind bereits entscheidende Resultate erzielt, und die Versuche werden nunmehr in Form eines besonderen technischen Unternehmens aus breiterer finanzieller Grundlage und in größerem Maßstabe fortgeführt werden. Die positiven technischen Ergebnisse wird die Öffentlichkeit bei anderer Gelegenheit erfahren. Für die Zwecke dieser Denkschrift genügt die einfache Mitteilung, dass das

getreten, nachdem hier glatte Erfolge erzielt waren. Die *Abb. 119* zeigt einen Querschnitt durch das neue einspurige Eisenbahnfahrzeug. Sie dürfte wohl eine Vorstellung davon geben, wie der Wagen sich völlig stabil aus einer einzigen Schiene hält, und wie sich der Wagenkasten in der Breite ebenso wie in der Länge frei entwickeln kann.

Abb. 121. Der Zentralbahnhof der Großstadt.

echte einschienige Fahrzeug tatsächlich vorhanden, das Mittel also bereit ist, die neue Organisation in der Praxis erfolgreich durchzuführen.«

Der Herausgeber der Denkschrft hat sich also nicht daraus beschränkt, die Mittel, die unseren Verkehr verbessern können, klar zu durchdenken. Er hat vielmehr in dem Augenblick, als die Lösung schwieriger technischer Probleme notwendig wurde, einen praktischen Laboratorium- und Werkstättenbetrieb organisiert und ist mit seinen Vorschlägen erst an die Öffentlichkeit

Betrachten wir nun die Forderungen, die ein guter Verkehr erfüllen muss. Er soll schnell und sicher vonstattengehen und dem Publikum eine behagliche Reise bieten. Diese drei Bedingungen erfüllt das neue einschienige Fahrzeug. Es erreicht die gewünschte Geschwindigkeit. Es ist dabei unbedingt betriebssicher, und es gestattet eine freie Entwicklung der Wagenfläche, die es nun wieder ermöglicht, den Reisenden Komfort und Behaglichkeit zu bieten. Aber darüber hinaus soll ein idealer Verkehr nicht nur einige wenige Punkte in gute Verbindung bringen, sondern auch die gesamte, von ihm durchzogene Fläche erschließen. Diese Ausgabe wird der zukünftige Personenverkehr durch ein System organisch geschürzter und miteinander verknoteter Netze erreichen. Ein System von 200-Kilometer-Bahnen wird die Hauptpunkte, die wichtigsten Siedelungen miteinander verbinden. Ein zweites engeres Netz von 160-Kilometer-Bahnen wird sich diesem angliedern. Ein drittes Netz langsamerer Lokalbahnen wird als Zubringer für dieses Netz dienen, und Automobillinien werden schließlich sogar jedes Dorf und jeden Flecken in den Verkehr einziehen.

Der Betrieb über diese Netze wird derartig kontinuierlich zu erfolgen haben, dass die unerträglichen Wartezeiten, an denen wir heute laborieren, verschwinden. Der einzelne Reisende, der einmal seine Wohnung in irgendeinem Dorf verlassen und den Automobilomnibus bestiegen hat, wird schnell und immer schneller in den Verkehrsstrom hineingezogen. In wenigen Viertelstunden gelangt er über das tertiäre und das sekundäre Netz in die Hauptschnellbahnlinien, deren Betriebsmittel Europa zwischen Sonnenaufgang und

-untergang von einem bis zum anderen Ende durcheilen.

Einen Blick auf die Hauptbahnstrecke und einen mit 200 km/h dahineilenden Einschienenzug nebst dem zum Befahren der Strecke erforderlichen kleinen Kontrollwagen gibt *Abb. 118.* In Betonbau und Erdschüttung zieht sich der Bahnviadukt dahin, da bei derartigen Geschwindigkeiten Schranken und Übergänge im Niveau fortfallen müssen. Besondere Anlagen geben jedes Streckensignal direkt an den Führerstand des Zuges, und aus jeder Nichtbeachtung eines solchen Signales schaltet die Zentrale dem Zuge einfach die Kraft ab.

So ist auch bei diesen hohen Geschwindigkeiten volle Sicherheit erzwungen. Wiederum anders werden sich die technischen Einrichtungen eines idealen Personenverkehrs im bebauten Gebiete großstädtischer Siedelungen darstellen. Hier wird man die intensive Erschließung der Fläche, die volle Befriedigung des Verkehrsbedürfnisses durch ein besonderes Netz erreichen, für das August Scherl die Bezeichnung Radial-Peripheriesystem gewählt hat. Die *Abb. 120 – 122* veranschaulichen diesen Teil der Organisation. *Abb. 122.* gewährt einen Blick aus der Vogelperspektive auf eine Millionenstadt. Die Darstellung

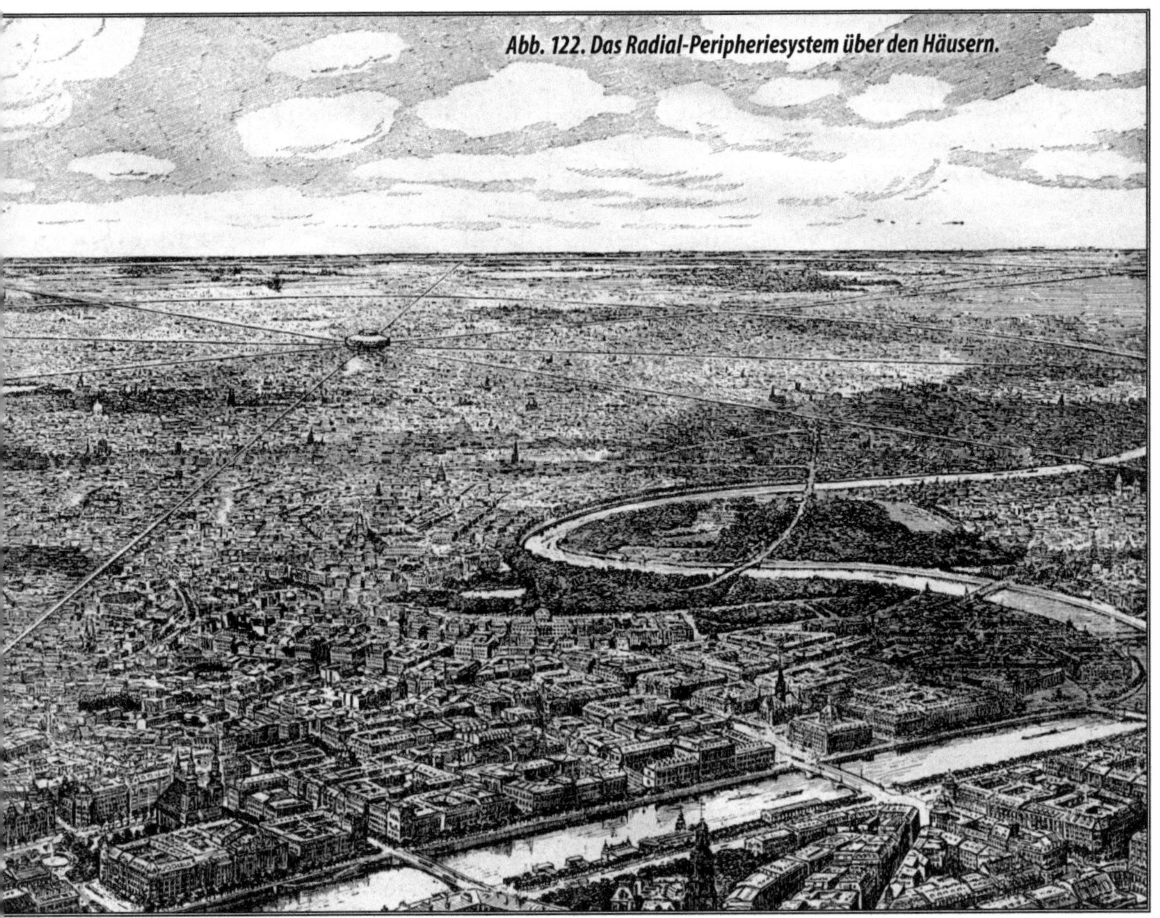

lässt erkennen, wie eine Ringbahn das Stadtgebiet an der Peripherie durchzieht und wie von einem gigantischen Zentralbahnhof aus zahlreiche Strahlen- oder Radialbahnen zu verschiedenen Punkten des Ringes hinführen. *Abb. 120* gibt eine planmäßige Darstellung dieses Systems und zeigt ferner, wie die Haltstellen auf den Strahlen und dem Ring verteilt sind, und wie besondere Kreuzungs- oder Übergangsbahnhöfe an den Treffpunkten von Strahlen und Ringbahnen vorgesehen sind.

Das neue System wird hier auf hier auf neuen Wegen wandeln. Seine Linien fügen sich nicht mehr, wie heute die Hochbahnstrecken, den Straßenzügen an. In freier Linienführung zieht sich der Viadukt der Lufthochbahn über das Häusermeer der Großstadt hin, auf kürzestem Wege von Bahnhof zu Bahnhof, von Stadtviertel zu Stadtviertel führend. Bald überfährt er enge Höfe und Hinterhäuser, bald nimmt er Straßen und Plätze mit weitspannenden Brücken.

In schnellster Fahrt eilen die Züge dahin, doch kein Geräusch und keine Erschütterung dringt in die Häuser. Denn der ganz Viadukt ist in sich abgeschlossen und vom Mauerwerk der umgebenden Gebäude völlig getrennt.

Den Brennpunkt des städtischen Verkehrs bildet der bereits erwähnte Zentralbahnhof im Mittelpunkt der Stadt. Seine Außenansicht veranschaulicht *Abb. 121.* In gewaltiger Größe erhebt sich sein massiger Rundbau. In ihm treffen sich alle Strahlenbahnen in luftiger Höhe, während zu ebener Erde die Zufahrtswege des Straßenverkehrs einmünden und zahlreiche Fahrstühle den Vertikalverkehr zwischen Straße und Bahnsteig besorgen. Auch hier bietet das gewaltige Gebäude zahlreiche Räume, die als Kaufhäuser oder zu Ausstellungszwecken gewinnbringende, dauernde Verwertung finden und zur Rentabilität des ganzen beitragen.

Wohl mag alles, was die Abbildungen hier zeigen, zunächst noch ein wenig kühn und ungewohnt erscheinen. Aber schließlich wäre es auch den Leuten zur Zeit der Freiheitskriege ganz verwunderlich vorgekommen, wenn man ihnen das Bild eines fahrenden Eisenbahnzuges gezeigt hätte, obwohl solche Eisenbahnen bereits 20 Jahre später Europa durchschneiden sollten. Die hier dargestellten Projekte sind in allen Einzelheiten folgerichtig durchdacht, und so dürften sie wohl in absehbarer Zeit Verwirklichung finden.　　• *Hans Dominik*

Der Einschienenwagen in Berlin

DIE WOCHE   20.11.1909

Als vor einigen Monaten eine Denkschrift von August Scherl über ein neues Schnellbahnsystem *(s. S. 134)* veröffentlicht wurde und als erste Forderung und Notwendigkeit für einen zukünftigen vollkommenen Schnellverkehr ein einschieniges Fahrzeug verlangte, da erschien ein solches Erheischen so manchem Leser recht wunderbar. Und als die Denkschrift weiter die bedeutsame Mitteilung brachte, dass ein vollkommenes, durch Kreiselapparate stabilisiertes Fahrzeug bereits in den Werkstätten des Herausgebers glücklich vollendet sei, da wurden Zweifel laut von Laien und auch von Fachleuten. Man war nicht geneigt, jener kurzen Mitteilung Glauben zu schenken.

Der Herausgeber der Denkschrift hielt es daher für geboten, jenes einspurige Fahrzeug, den einschienigen Gyrowagen, der breitesten Öffentlichkeit zu zeigen, und er führte das Fahrzeug vom 10. bis 15. November 1909 in den Ausstellungshallen am Zoologischen Garten vor. Unsere Bilder wurden anlässlich jener Vorführung aufgenommen und zeigen den Gyrowagen im ganzen wie auch in den einzelnen Details. Nachdem etwa vierzigtausend Besucher das Fahrzeug hier gesehen, nachdem die Spitzen der Armee und der Verwaltung selbst darin gefahren sind, wird man nun nicht mehr behaupten können, dass die einschienige Kreiselbahn eine Chimäre, eine Utopie sei.

Bevor wir nun aber auf die Berliner Vorführungen näher eingehen, mag zuerst ein wenig über das Einschienensystem im Allgemeinen gesagt sein. Ein Unbefangener, der die Leistungen unserer heutigen zweischienigen Verkehrsmittel, der Eisenbahnen und Automobile, kennt, wird zweifellos zunächst die Frage stellen, warum denn die nicht ganz einfachen Apparate der Einschienenbahn notwendig seien, warum man nicht viel lieber bei der zweiten Schiene bleibt und solche kostspieligen Umwege meidet. Die Antwort ist leicht gegeben. Wir wissen heute und ganz besonders nach den Zossener Schnellbahnversuchen, dass ein wirtschaftlicher Schnellverkehr mit einer Geschwindigkeit von 200 km/h undurchführbar ist. Beinahe nach jeder Fahrt muss man den Unterbau wieder revidieren, muss man Schwellen unterstopfen und die Schienen gegeneinander ausrichten und in

Abb. 123. Der Steuerstand des Gyrowagens.

die gleiche Niveaulage bringen. Etwas derartiges ist wohl bei Versuchsfahrten möglich, bei denen die Wirtschaftlichkeit keine Rolle spielt, aber es verbietet sich in dem Augenblick, da man einen wirtschaftlichen Betrieb ins Auge fasst. So kommt man von der Forderung eines wirtschaftlichen Schnellbahnbetriebs notwendigerweise zur Einschienenbahn. Untersucht man nun aber weiter die Mittel, die einen Verkehr auf der einen Schiene gestatten, die den Wagen auf der einen Schiene sicher stabilisieren, so bleibt als einzig brauchbares der Kreisel übrig. Die richtende Kraft des schnell rotierenden Kreisels ist das Mittel, den Wagen auf einer Schiene stabil zu führen.

An dem ersten Tag der Vorführungen sammelten sich die hervorragendsten

Abb. 124. Eisenbahnminister von Breitenbach, der erste Passagier des Gyrowagens.

Abb. 125. Frau v. Bethmann Hollweg, die Gemahlin des Reichskanzlers, und Gen. Maj. v. Plüskow als Passagiere des Gyrowagens.

Abb. 126. Ein Drehuntergestell des Gyrowagens.

Führer Deutschlands auf technischem und wirtschaftlichem, auf militärischem und dem Verwaltungsgebiet in der Ausstellungshalle, und nach einem einleitenden Vortrag rollte das geheimnisvolle Fahrzeug der Zukunft, der einschienige Gyrowagen, in den Raum. Staunend zuerst beobachteten die Anwesenden, wie der Wagen auf seiner Schiene dahinglitt, wie er sicher und in immer schnellerem Tempo Runde für Runde absolvierte. Und mit dem Sehen wuchs das Vertrauen. Was man zuerst für eine physikalische Spielerei, allenfalls für einen originellen Versuch auch anzusehen geneigt war, das betrachtete man jetzt als ein ernsthaftes Verkehrsmittel. Als erster Passagier bestieg der preußische Minister der öffentlichen Arbeiten Exzellenz von Breitenbach den Gyrowagen und fuhr in ihm einige Runden. Kein schlechtes Zeichen für die Zukunft des neuen Wagens.

Noch zahlreiche andere Passagiere von Rang und Namen führte der Gyrowagen an jenem 10. November durch die Bahn, und wir dürfen wohl hoffen, dass dieser Tag dereinst in der Geschichte der Verkehrstechnik eine ähnliche Bedeutung erlangen wird wie der Junitag des Jahres 1879, an dem die erste elektrische Bahn der Welt, ebenfalls eine deutsche Erfindung, im Landesausstellungspark zu Berlin vorgeführt wurde. Aber wir hoffen weiter, dass es im übrigen mit der Gyrobahn nicht so gehen möge wie mit der elektrischen Bahn. Damals musste die deutsche Erfindung erst nach Amerika auswandern, um von dort als amerikanisches Erzeugnis etwa zehn Jahre später zurückzukehren. Wir hoffen vielmehr, dass diesmal die deutsche Erfindung sofort in Deutschland Wurzel fassen möge, und das um so mehr, als andere Länder, insbesondere England, die Wichtigkeit des Problems voll begriffen haben und rastlos an seiner Weiterbildung arbeiten.

Unsere Bilder veranschaulichen den Wagen in der Halle und zeigen jene wohlgelungenen Vorführungen und geben einen guten Überblick über das rege Leben und Treiben in der Halle während der fünf bedeutungsvollen Novembertage. ❐

Die Erfindung des deutschen Einschienenwagens

DIE WOCHE   27.11.1909

Eine künftige Geschichte der Verkehrstechnik wird aus dem Jahr 1909 zu berichten wissen, dass am selben Tag, am 10. November, in Deutschland und in England je ein durch Kreisel stabilisierter Einschienenwagen vorgeführt wurde. In beiden Fällen nicht irgendein unzulängliches Versuchsobjekt, sondern ein vollkommen durchgebildeter Wagen, der alle Prinzipien und Einzelheiten der Gyrobahn in voller Deutlichkeit enthält. Und da wir wohl hoffen dürfen, dass das einschienige Fahrzeug in der Weiterentwicklung unseres Verkehrs eine bedeutsame Rolle spielen wird, so darf die Geschichte seiner Erfindung Anspruch auf Interesse erheben.

Über den Werdegang des englischen Wagens ist einiges bekannt. Wir wissen, dass der Engländer Brennan *(s. S. 130)*, der sich bereits vor einem Menschenalter durch die Anwendung des Gyroskopes zur Torpedosteuerung einen guten Namen gemacht hat, seit Jahrzehnten an der gyroskopischen Stabilisierung einschieniger Eisenbahnfahrzeuge arbeitete, und dass er bereits im Jahre 1907 einen kleinen Modellwagen vorführte, der freilich in theoretischer und praktischer Beziehung recht unzulänglich war. Dann wird es über die englische Erfindung bis zum 10. November dieses Jahres ganz still. Über die deutsche Erfindung ist bis zu jenem Datum überhaupt nur eine einzige Literaturangabe vorhanden. In seiner Denkschrift über ein neues Schnellbahnsystem sagt August Scherl:

»Ich selbst habe in eigenen Versuchswerkstätten eingehende Studien über die Stabilisierung von Fahrzeugen mit Hilfe von gyrostatischen Apparaten anstellen lassen. Es sind bereits entscheidende Resultate erzielt, und die Versuche werden nunmehr in Form eines besonderen technischen Unternehmens auf breiterer finanzieller Grundlage und in größerem Maßstabe fortgeführt werden.«

Obwohl diese Mitteilung für die Realität fast aller in jener Denkschrift gemachten Vorschläge zur Verbesserung unseres Personenverkehrs von größter Bedeutung war, wurde sie nur von den wenigsten für bare Münze genommen. In Deutschland forderten auch wohlwollende Kritiker der Denkschrift handgreiflichere Beweise. In England nahm Brennan selbst, den die Sache doch in erster Linie anging, die Mitteilung nicht für ernst. Er war, wie er anlässlich der Vorführung seines Wagens aussprach, aufs äußerste erstaunt, als er im Lauf des 9. Novembers die Nachricht erhielt, dass August Scherl am 10. November einen eigenen Gyrostatenwagen in den Ausstellungshallen am Zoologischen Garten vorführen würde. Ganz verwundert fragte er noch in seiner Eröffnungsrede: *»Wie in aller Welt kann sich Herr Scherl in ein solches Unternehmen einlassen, da ich doch auch meine Patente in Berlin genommen habe?«*

Diesem Einwurf des Engländers gegenüber sei indes gleich an dieser Stelle bemerkt, dass auch der deutsche Einschienenwagen durch eine ganze Reihe

Die Einschienenbahn nach dem System August Scherl

Unsere Bilder zeigen den neuen Gyrowagen, der am 10.11.1909 in Berlin in den Ausstellungshallen am Zoologischen Garten öffentlich vorgeführt wurde. Sie stellen den Wagen noch in den Dresdner Versuchswerkstätten dar und lassen alle wichtigsten Details erkennen. Man sieht, wie das Fahrzeug auf einer einzigen Schiene fährt und steht und dabei sein Gleichgewicht sicher wahrt. ❏

Abb. 127. Der Wagen ohne Besatzung durch eine Kurve fahrend. Man erkennt, wie das Fahrzeug sich dabei ein wenig schräg nach innen stellt, genau so schräg, dass es die Zentrifugalkraft, die jedes Fahrzeug aus der Kurve herausdrücken will,

sicher überwindet. Es ist bemerkenswert, dass diese Einstellung unter allen Verhältnissen und Umständen durch den Kreiselapparat völlig selbsttätig und durchaus richtig erfolgt.

Abb. 128. Der Gyrowagen mit sechs Mann Besatzung in flotter Fahrt. Auch hier gibt die Darstellung das Gefühl der unbedingten Sicherheit.

Abb. 129. Der Wagen in Haltstellung, die Tür geöffnet, um Fahrgäste aufzunehmen. Die Wagenmotoren, die die Vorwärtsbewegung

bewerkstelligen, sind also ausgeschaltet. Die Kreisel, die dem Wagen Standfestigkeit verleihen, laufen dagegen munter weiter, viel, ob der Wagen fährt oder steht, bewahrt er seine Gleichgewichtslage. Die Stromzuführung ist neben der Schiene laufend angebracht. Durch die Vorführung in Berlin während der Zeit vom 10. bis zum 15. November wird nun auch der breiten Öffentlichkeit jenes wunderbare, fast einem beseelten Organismus gleichende Fahrzeug zu betrachten, dessen erste Ankündigung in der Denkschrift über ein neues Schnellbahnsystem einen so lebhaften Streit der Meinungen entfesselte.

guter in- und ausländischer Patente geschützt ist. Durch Patente, die vielfach älter sind als die korrespondierenden Ansprüche der englischen Gruppe.

In der Tat war es für alle, für das große Laienpublikum ebenso wie für die Fachleute und die nächstinteressierten Engländer eine gewaltige Überraschung, als an jenem 10. November der deutsche Einschienenwagen vor zahlreichem Publikum seine Fähigkeiten demonstrierte, Rundfahrten ausführte, Fahrgäste aufnahm und mit oder ohne Besatzung vollkommen stabil lief. Mit einem Schlag trat eine völlig neue Erfindung ohne alle Schwächen und Fehler des Anfangs in die Öffentlichkeit. Nach dem 10. November konnte niemand mehr daran zweifeln, dass auch Deutschland über einen guten Gyrowagen verfüge, während noch 24 Stunden vorher die Existenz selbst eines Versuches auf diesem Gebiet bestritten wurde.

Nachdem nun der deutsche Erfolg zweifellos ist, mag im weiteren die Erfindungsgeschichte des deutschen Wagens im Einzelnen gegeben werden. Selbstverständlich ist dieser Wagen nicht von August Scherl konstruiert worden. Scherl hat seine Aufgabe und Stellung auf dem Gebiet einer zeitgemäßen Verkehrsreform ja bereits in der Vorrede zu seiner Denkschrift über ›*Ein neues Schnellbahnsystem*‹ genügend klargelegt. Es ist die eines Organisators, welcher der Arbeit die zu erstrebenden Ziele weithin sichtbar aufrichtet, sie konzentriert und in der Richtung dieser Ziele wirken lässt. Bei der Durchdenkung seiner verkehrsreformatorischen Vorschläge kam Scherl, ausgehend von berechtigten Anforderungen, die man an ein gutes Verkehrswesen stellen muss, zu dem Schluss, dass für die Durchführung eines solchen Verkehrs

ein neues besseres Verkehrsmittel, ein neues Fahrzeug geschaffen werden müsse.

Als die Angelegenheit so weit gediehen war, trat eine zweite Person mit an die Lösung des Problems heran, nämlich der Sohn von August Scherl, Richard Scherl. Er schlug vor, die zweischienige Anlage mit allen ihren technischen und wirtschaftlichen Mängeln zu verlassen und zu einem einschienigen Fahrzeug überzugehen, und zwar zu einem echten Einschienenwagen, der sich in sich selbst so stabilisiert, dass er außer der einen Schiene keinerlei Stützung oder Führung bedarf. Als stabilisierendes Mittel sollte das Gyroskop oder der Kreisel dienen, dessen Verwendung zu solchem Zweck bereits verschiedene Male in der technischen Literatur erwähnt war.

An die Ausführung dieser Idee ging man im Frühjahr des Jahres 1907, bevor noch Brennan mit seinem ersten Modellwagen an die Öffentlichkeit trat. Denn August Scherl beschränkte sich nun nicht darauf, den Gedanken und die Forderung eines einschienigen Gyrostatenwagens in seine Denkschrift, mit deren Veröffentlichung er sich bereits damals trug, einfach hineinzugeben. Er beschloss vielmehr, diese Idee unter Zuhilfenahme aller Mittel zu realisieren. So wurde denn zwischen August und Richard Scherl abgemacht, dass der letztere nach Dresden gehen solle. Dort, wo man sehr viel unbeobachteter als in Berlin arbeiten konnte, sollte der einschienige Gyrowagen geschaffen werden.

Von diesem Zeitpunkt ab ruht die Leitung der Erfindung in den Händen des Richard Scherl. Dieser hatte schon früh eine besondere Vorliebe für Verkehrs- und speziell Bahnwesen gefasst. Nunmehr machte er sich die Lösung gerade des Problems der Einschienenbahn zur Lebensaufgabe und arbeitete mit unermüdlichem Eifer daran.

Als sein erster und beständiger Helfer, als Mitorganisator sowohl der gesamten Idee wie als umsichtiger Dirigent bei der Durchführung der verschiedensten Aufgaben eines so mannigfaltigen Arbeitskomplexes, wie ihn die Erfindung und Verwirklichung eines Einschienenbahnsystems bedeutet, muss W. Bloßfeldt genannt werden.

Er kam aus der naturwissenschaftlichen Schule Wilhelm Ostwalds und trug von Anfang an mit dafür Sorge, dass die Versuche in logischer Folge geführt wurden. Man sollte erst zur Aufstellung der wesentlichen Prinzipien gehen und nur von da aus die zweckmäßigen Konstruktionen suchen. Im Gegensatz zur empirischen englischen Methode arbeitete man in den Scherlschen Versuchswerkstätten zu Dresden nach der theoretischen und wissenschaftlichen Methode.

Richard Scherl selbst hatte sich durch gründliches und intensives Privatstudium als Physiker und auch Techniker für seine Aufgabe vorgebildet, und im Verfolg der Erfindung entwickelte er nicht nur die nötigen organisatorischen Fähigkeiten, sondern konnte auch im eifrigen inneren Wettbewerb mit seinen Mitarbeitern manches glückliche und bestimmende Einzelstück der Erfindung auf sein Konto bringen. Doch muss es als großes Glück und auch als Erklärung für den überaus raschen Erfolg der gesamten Arbeit angesehen werden, dass es gelang, sofort die rechten Spezialisten auf theoretischem wie praktischem Gebiet zu gewinnen, die sich mit vollstem persönlichem Interesse der Sache annahmen. Ein unerschütterlicher Optimismus und die gleiche reine Entdeckerfreude beseelte, bis hinab zum letzten Mechaniker, die ganze Schar, die ihr Unternehmen mit berechtigtem Stolz und viel persönlichem Opfermut betrieb.

Als Erster des Stabs mag der Mathematiker und theoretische Mechaniker Dipl.-Ing. Fröhlich genannt werden, der als Assistent an der Darmstädter und Charlottenburger Technischen Hochschule bereits einen guten Ruf genoss. Fröhlich begann seine Arbeiten mit einem sehr gründlichen Spezialstudium der damals für bestimmte Verhältnisse und insbesondere für praktische Anwendungen noch recht wenig erforschten Eigenschaften des Kreisels. Er schuf erst die mathematisch analytischen Grundlagen, welche die verwickelten mechanischen Bewegungsvorgänge des Kreisels bei seiner praktischen Anwendung klar erfassen. Von ihm wurden ferner die Bedingungen und Formeln aufgestellt, nach denen sich die Vorgänge bei der praktischen Anwendung zuerst qualitativ und später auch quantitativ fixieren lassen. Im Verlauf seiner Arbeiten entdeckte Fröhlich unter anderem innerhalb weniger Monate das Hauptprinzip der Zusatzpräzession, während die englischen Ingenieure zu dem gleichen Resultat auf ihrem empirischen Wege Jahrzehnte benötigten. Interessant ist es nebenbei, dass diese Erfindung sozusagen in doppelter Besetzung gemacht wurde, dass unabhängig von den Fröhlichschen Berechnungen Richard Scherl selbst auf Grund physikalischer Überlegungen gleichzeitig zur Konstatierung dieses wesentlichen Prinzips kam. Zugleich war Fröhlich aber auch der Mann, der aus seinen gewonnenen Prinzipien heraus den konkreten Organismus des Stabilisierungsapparates in allen Einzelgliedern bestimmen und aufbauen konnte. Ein Glanzstück seiner Erfindung ist der Steuerapparat, der die Kreiselschwingungen derart kontinuierlich beeinflusst, dass jede aus dem mechanischen System, d. h. aus dem Wagen oder den schwingenden Gyroskopen durch Schwerkraft, Zentrifugalkraft usw. entnommenen Arbeit in genau dem gleichen Augenblick durch Energiezufuhr von außen wieder ersetzt wird.

Neben dem Theoretiker sei dann der praktische Ingenieur und Konstrukteur Falcke genannt, der für die einzelnen Stücke des Apparates und ihre maschinentechnische Kombinierung die besten Formen in Stahl und Messing finden musste. Er stand vor Aufgaben, die von allem Hergebrachten weit abwichen. So hatten beispielsweise die schnellsten bis dahin bekannten Elektromotoren 3500 Umdrehungen in der Minute, während es nötig wurde, für den direkten Antrieb der Kreisel Motoren mit 8000 Umdrehungen zu bauen. Und dann gab es wiederum eine ganz neuartige Aufgabe. Jenen Steuerapparat bis in seine Einzelheiten durchzukonstruieren, der die Kreiselschwingungen kontinuierlich beeinflusst. Diese Steuerung stellt wohl eins der schwierigsten konstruktiven Probleme dar, und es wurde in erstaunlich kurzer Zeit gelöst, so gut gelöst, dass der Gyrowagen in seiner heutigen Form auf alle Kräfte prompt und in gewünschter Weise reagiert, sich in jedem Kraftfeld richtig einstellt.

Außer dem technischen Physiker und dem Konstrukteur ist ferner noch Dr.-Ing. Kürth hervorzuheben, gleichfalls ein früherer ausgezeichneter Assistent der Charlottenburger Hochschule, der die Kreiselexperimente gleich zu Beginn mit einem glücklichen Resultat einleitete. In dem Maß, in dem das Unternehmen dann sich ausdehnte, wandte er sich mehr der patentrechtlichen und repräsentativen Seite zu und leistete für das einschienige Bahnsystem als Ganzes wertvolle Dienste.

Neben diesem Stab von Oberingenieuren ist weiter eine Reihe tüchtiger Unteringenieure und eine Schar geschickter Mechaniker zu nennen, die sich mit liebevoller Hingabe in die neue Materie einarbeiteten und in mustergültiger Form an Schraubstock und Drehbank ausführten, was Rechnung und Zeichnung ergaben.

Unter der stetigen Oberleitung von Richard Scherl arbeiteten alle hier Genannten zusammen, jeder in seinem scharf umrissenen Ressort, aber die einzelnen Ressorts in ständiger und enger Fühlung. So konnte in zwei Jahren ein großer und imponierender Erfolg erreicht oder, man darf wohl sagen, systematisch erzwungen werden.

Und noch eins sei zum Schluss bemerkt. Alle an dem Unternehmen Beteiligten haben die Pflicht der Verschwiegenheit getreulich gewahrt. Man sagt wohl, dass eine Sache, um die mehr als zwei wissen, kein Geheimnis mehr sei. Hier wussten einige zwanzig darum, und dennoch drang nichts in die Öffentlichkeit. In verschwiegener Stille konnte die deutsche Erfindung ausgebaut werden, und unvermutet erschien sie technisch vollendet auf dem Plan.

• Hans Dominik

Handel & Industrie zwischen Industrieller Revolution und Belle Époque

Der erste Band mit 21 Zeitreisen ins 19. Jahrhundert

Ab der zweiten Hälfte des 18. Jahrhunderts ersetzten Dampfmaschinen zunehmend die Muskelkraft und ermöglichten eine zunehmende Mechanisierung der bis dahin handwerklich geprägten Güterproduktion. Der Abbau von Handelshemmnissen und neue Verkehrswege eröffneten überregionale Märkte, immer mehr Produkte mussten immer schneller und billiger produziert werden. Arbeitsteilung und Spezialisierung veränderten ganze Wirtschaftszweige. Die historischen Originalbeiträge und Abbildungen in diesem Buch geben einen unverfälschten Einblick in die Wirtschaft des 19. Jahrhunderts. **• ISBN 978-3-7583-0344-9**

Hans Dominik

Eiserne Pferde • Technische Plaudereien und Betrachtungen

Der Ingenieur, Journalist und Schriftsteller Hans Dominik (1872 – 1945) gehört zu den erfolgreichsten Science-Fiction-Autoren Deutschlands. Neben zahlreichen Romanen und Kurzgeschichten verfasste er vor allem auch populärwissenschaftliche Beiträge für Zeitschriften und Jahrbücher. Für dieses Buch wurden seine verkehrstechnischen Plaudereien und Betrachtungen zusammengetragen und vermitteln dem Leser einen unverfälschten Blick auf die Verkehrsgeschichte des jungen 20. Jahrhunderts. **• ISBN 978-3-7534-7686-5**

Der Umbau des Anhalter Bahnhof und die Berlin-Anhalter Eisenbahn

Am 15. Juni 1880 wurde das neue Empfangsgebäude der Berlin-Anhalter Eisenbahn am Askanischer Platz dem Verkehr übergeben. Doch die Eröffnung des imposanten Bauwerks von Franz Schwechten war nur eine Etappe des 1871 begonnenen Umbaus des Anhalter Bahnhof in Berlin. Auf einer Länge von 5 km wurden neben dem Personenbahnhof ein Güterbahnhof, Werkstätten, Aufstell- und Verschiebegleise und viele weitere Anlagen neu errichtet. In zeitgenössischen Originaltexten werden die Anfänge der Berlin-Anhalter Eisenbahn, der Umbau des Bahnhofs und die Architektur der Gebäude geschildert. Zahlreiche Fotos und Zeichnungen illustrieren dieses Zeitdokument der Berliner Verkehrs- und Architekturgeschichte. **• ISBN 978-3-7431-9651-3**

Friedrich Schultheis • Alexander Marx

Der Bau des Ludwigs-Kanal zwischen Main und Donau 1836 bis 1846

Mit dem Ludwigs-Main-Donau-Kanal gelang es, die Europäische Wasserscheide zu überwinden und eine schiffbare Verbindung von der Nordsee zum Schwarzen Meer schaffen. Innerhalb von zehn Jahren wurden 100 Schleusen, über 70 Dämme sowie zahlreichen Brücken und Brückenkanäle errichtet. Friedrich Schultheis schildert hier detailreich den Fortgang der Bauarbeiten von den ersten Planungen bis zur Einweihung im Juli 1846. 26 Doppelseitige Illustrationen von Alexander Marx geben einen Eindruck von diesem Meisterwerk der Technikgeschichte. **• ISBN 978-3-7386-4028-1**

Walter Körte • Jacobus van Ronzelen
Vom Bau der Leuchttürme Roter Sand und Hohe Weg
Mitten im Watt entstand 1854 – 56 der Leuchtturm auf der Sandbank ›Hohe Weg‹. 30 Jahre später wurde dann am ›Roter Sand‹ das erste Offshore-Bauwerk der Welt errichtet. Hier schildern die verantwortlichen Baumeister aus erster Hand, wie sie noch nie dagewesene Herausforderungen meistern mussten und den Launen der Nordsee getrotzt haben.
• ISBN 978-3-7519-2217-3

Schmiedekunst und Glockenguss
Eine Zeitreise durch 300 Jahre Metallhandwerk
Eine Zeitreise in Originaldokumenten durch die Geschichte des Metallhandwerks vom späten 16. bis ins 19. Jahrhundert. Viele heute vergessene Techniken, Werkzeuge und Produkte werden wieder lebendig. Zahlreiche historische Holzschnitte und Kupferstiche zeigen die Werkstätten und Arbeitsweisen der vergangenen Zeit.
• ISBN 978-3-7543-8430-5

Emil Dominik
Quer durch und ringsum Berlin
Ein Fahrt auf der Berliner Stadt- und Ringbahn im Jahr 1883
Der Verleger und Publizist Emil Dominik reist 1883 mit seinem Freund, dem Künstler Lüders, auf der Berliner Stadt- und Ringbahn ›quer durch und rings um Berlin‹. Dabei werden viele interessante Begebenheiten und Anekdoten aus der Geschichte Berlins und seiner Vororte erzählt.
• ISBN 978-3-7562-0185-3

Bernhard Hoppe
Mit dem Käfer in die Alpen
Reise-Tagebücher 1961 – 1963
Dank des Wirtschaftswunders war es am Anfang der 1960er Jahre für fast jedermann möglich, in den Urlaub zu fahren. Selbst ›exotische‹ Ziele wie Österreich oder Italien konnte man sich leisten. Die Kost war noch regional, aber für einen gelungenen Urlaub genauso wichtig wie heute. Dieses Buch führt in eine Zeit, in der Massentourismus noch unbekannt war und warmes Wasser noch nicht selbstverständlich. Rund 150 Fotos illustrieren dieses authentische Zeitdokument.
• ISBN 978-3-7519-3741-2

Zeitreisen zur Kultur + Technik **edition·epilog.de**
Erhältlich in allen guten Buchhandlungen